中国林业植物授权新品种

（1999-2009）

国家林业局植物新品种保护办公室
中国林业科学研究院林业科技信息研究所 编

中国林业出版社

图书在版编目（CIP）数据

中国林业植物授权新品种(1999-2009) / 国家林业局植物新品种保护办公室，中国林业科学研究院林业科技信息研究所编．-北京：中国林业出版社，2010.4

ISBN 978-7-5038-5822-2

I．①中… II．①国… ①中… III．①森林植物-品种-汇编-中国-1999～2009 IV．① S718.3

中国版本图书馆 CIP 数据核字 (2010) 第 058668 号

出版：中国林业出版社
E-mail:cfphz@public.bta.net.cn　电话：(010) 83227584
社址：北京西城区德内大街刘海胡同 7 号　邮编：100009
发行：新华书店北京发行所
印刷：北京画中画印刷有限公司
开本：787mm × 1092mm　1/16
版次：2010 年 4 月第 1 版
印次：2010 年 4 月第 1 次
印张：20
字数：512 千字
印数：1 ～ 3500 册
定价：148 元

中国林业植物授权新品种
(1999-2009)
编 委 会

序

植物新品种是指经过人工培育或者对野生植物加以开发利用，形成新的性状并适当命名的植物品种。中国地域广阔，气候多样，有着丰富的植物资源，同时，中国历史久远，文化厚重，勤劳智慧的中国人民早就有开发利用这些资源的传统，培育出了许多具有较高经济和观赏价值的植物新品种。随着科学技术的迅猛发展，特别是生物技术的广泛应用，加强植物新品种创新、保护和运用，已成为推动科技进步、促进产业发展、繁荣社会经济的新兴领域。

植物新品种权同专利、商标、著作权一样，都属于知识产权的范畴，凝结着人的智慧劳动，在知识年代和经济全球化进程加快的大背景下，知识产权已成为支撑国家发展的战略性资源和国际间竞争的核心要素，作为知识产权的一项新内容，植物新品种权日益为国际社会所关注。2008 年，国务院颁布了《国家知识产权战略纲要》，标志着知识产权战略已上升为国家战略。加强植物新品种的创造、运用和保护，已成为有效应对国际竞争、提高我国农林业核心竞争力的重要举措。

植物新品种保护制度是市场经济发展的必然结果，其根本目的在于鼓励培育和使用植物新品种，促进农、林业生产力的提高。党的十七大明确提出了建设创新型国家，全面实现小康社会的宏伟目标。全面实施新品种保护，有利于建立公平的竞争环境，维护权利人的合法权益，使其得到应有的经济补偿，从而激励育种者持续开展创新活动。通过对新品种权的保护，可以使好的新品种得到更为广泛的推广和应用，使其产生更大的利用价值，促进城乡经济发展，带动农民增收致富。

1997 年我国颁布了《植物新品种保护条例》，1999 年又加入了国际植物新品种保护联盟(UPOV)。十多年来，植物新品种保护事业取得了长足发展，新品种申请数量和授权品种位于世界各国前列，一跃成为植物新品种保护的新兴大国。建设森林生态系统、保护湿地生态系统、改善荒漠生态系统、维护生物多样性是林业部门的重要职能，这“三个生态系统”蕴藏着丰富多样的宝贵的生物资源，而生物多样性是人类未来的财富。在大力保护生物多样性的前提下，借助人们的智慧劳动，深入发掘其可利用价值，开发出极具观赏美趣或富含经济利用价值的植物新品种，必将对有效保护自然生态环境、丰富和美化城乡居民生活、繁荣和促进林业经济健康发展做出巨大贡献。

当前，全国林业战线的干部职工和广大林农群众，正在认真贯彻落实中央林业工作会议精神，全面推进集体林权制度改革，加快实现建设现代林业的宏伟蓝图。要建设完善的林业生态体系、发达的林业产业体系和繁荣的生态文化体系，满足经济社会发展对林业的多种需求，必须牢固树立科学发展观，认真实施科技兴林、科技强林、科技富民战略，依靠科技建设现代林业，推动新时期林业又好又快发展。作为深入落实林业重大方针决策的一项积极举措，国家林业局适时组织相关部门和专业人员，汇编出版了《中国林业植物授权新品种(1999-2009)》一书，呈现给广大林农和读者。我相信，该书的出版面世，对激励林业科技创造，推动知识产权转化运用，改善林业生态环境，壮大林业产业实力，繁荣林区社会经济，促进广大林农致富，必将产生积极的推动作用。

雷治邦

二〇一〇年四月

前　言

我国于1997年10月1日开始实施《中华人民共和国植物新品种保护条例》(以下称《条例》)，1999年4月23日加入国际植物新品种保护联盟。根据《条例》的规定，农业部、国家林业局按照职责分工共同负责植物新品种权申请的受理和审查，并对符合《条例》规定的植物新品种授予植物新品种权。国家林业局负责林木、竹、木质藤本、木本观赏植物（包括木本花卉）、果树（干果部分）及木本油料、饮料、调料、木本药材等植物新品种权申请的受理、审查和授权工作。

国家林业局对植物新品种保护工作十分重视，早在1997年就成立了植物新品种保护领导小组及植物新品种保护办公室；2001年批准成立了植物新品种测试中心、5个分中心、2个分子测定实验室；2002年成立植物新品种复审委员会；到2009年底，已考核认定了350多名植物新品种保护代理人资格，成立了21家植物新品种权代理事务所，初步形成了植物新品种保护机构体系框架。我国加入WTO以后，对林业植物新品种保护提出了更高的要求。为了适应新的形势需要，我们采取有效措施，重在增强林业知识产权保护意识，制定有效的激励措施和扶持政策，有力推动了林业植物新品种权总量的快速增长。截至2009年底，共受理国内外植物新品种申请637件，其中国内申请461件，占总申请量的72%；国外申请176件，占28%。共授予植物新品种权294件，其中国内申请授权204件，占总授权量的69%；国外申请授权90件，占总授权量的31%。申请的植物种类中，观赏植物占82%，林木占11%，果树占4%。申请人主要为育种企业和个人，占54%；其次为科研和教学单位，占25%。

植物新品种保护制度的实施使我国植物新品种大量涌现，这些新品种已在我国林业生产建设中发挥重要作用。为了方便生产单位和广大林农获取信息，有效地为林业建设和林改服务，我们将1999年至2009年林业植物授权新品种进行了整理，汇编成该书。希望该书的出版，能在生产单位、林农和品种权人之间架起沟通的桥梁，使生产者能够获得所需的新品种，在推广和应用中取得更大的经济效益，同时，品种权人的合法权益能够得到有效的保护，获得相应的经济回报，使林业植物新品种在林业建设和林改中发挥更大作用。

在本书的编写整理过程中，承蒙品种权人、培育人鼎力协助，提供授权品种的相关资料及图片，使本书编写工作顺利完成，特此致谢。编写过程中虽然力求资料完整准确，但匆忙中难免有疏漏之处，请大家不吝指正。

编委会

二〇一〇年四月

目　录

三毛杨1号

（杨属）

联系人：张志毅　地址：北京市海淀区清华东路35号
电话：010-62338502　国家：中国

申请日：1999－4－23
申请号：19990001
品种权号：19990001
授权日：1999－12－29
品种权人：北京林业大学
培育人：朱之悌、林惠斌、张志毅、康向阳、李新国、赵勇刚、张金凤

品种特征特性：属于白杨派毛白杨的杂种，是用毛新杨 × 毛白杨回交、毛白杨染色体部分替换、花粉染色体加倍等技术，通过杂交、苗期测定、多点试验、材性测定和染色体镜检等过程，选育成功的三倍体新品种。‘三毛杨 1 号’叶片大，速生，造林不蹲苗。树干通直，树皮绿色或浅褐色，光滑。皮孔小，菱形，多为 2 个以上横向连生。冠形开展，长卵形。侧枝较细，粗细均匀，分枝角 45° 或小于 45°。叶片大而浓绿，长枝叶宽卵形，先端急尖，基部平截，具深锯齿。发叶早，落叶晚，抗叶锈病、褐斑病和煤污病。主要适用于在华北平原地区栽植，对水肥条件有一定的要求，不适宜于盐碱严重地区使用。

三毛杨2号

（杨属）

联系人：张志毅　地址：北京市海淀区清华东路35号
电话：010-62338502　国家：中国

申请日：1999-4-23
申请号：19990002
品种权号：19990002
授权日：1999-12-29
品种权人：北京林业大学
培育人：朱之悌、林惠斌、张志毅、康向阳、李新国、赵勇刚、张金凤

品种特征特性：属于白杨派毛白杨的杂种，是用毛新杨 × 毛白杨回交、毛白杨染色体部分替换、花粉染色体加倍等技术，通过杂交、苗期测定、多点试验、材性测定和染色体镜检等过程，选育成功的三倍体新品种。‘三毛杨 2 号’叶片大，速生，造林不蹲苗。树干顶端少有弯曲，树皮绿色或浅褐色，光滑。皮孔小，菱形。树形十分开展，长卵形，侧枝粗且稀疏，分枝角等于 45° 或小于 45°。叶片大而浓绿，长枝叶三角形卵形，先端急尖，基部心形。叶背多绒毛，掌状深裂。短枝叶卵圆形，先端短渐尖，基部微心形，具深锯齿。发叶早，落叶晚，抗叶锈病、褐斑病和煤污病。主要适用于在华北平原地区栽植，对水肥条件有一定的要求，不适宜于盐碱严重地区使用。

三毛杨3号

（杨属）

联系人：张志毅　地址：北京市海淀区清华东路35号
电话：010-62338502　国家：中国

申请日：1999-4-23
申请号：19990003
品种权号：19990003
授权日：1999-12-29
品种权人：北京林业大学
培育人：朱之悌、林惠斌、张志毅、康向阳、李新国、赵勇刚、张金凤

品种特征特性：属于白杨派毛白杨的杂种，是用毛新杨 × 毛白杨回交、毛白杨染色体部分替换、花粉染色体加倍等技术，通过杂交、苗期测定、多点试验、材性测定和染色体镜检等过程，选育成功的三倍体新品种。雌性，干形通直，树皮灰绿色，树形开展，长卵形。侧枝粗度中等，新生小叶微红色，长枝叶三角状卵形，先端急尖，基部明显心形，短枝叶卵圆形，先端短渐尖，基部微心形。抗叶锈病、褐斑病和煤污病较强。主要适用于在华北平原地区栽植，喜肥沃湿润的土壤或沙壤土，不适宜于盐碱严重地区使用。

三毛杨4号

（杨属）

联系人：张志毅　地址：北京市海淀区清华东路35号
电话：010-62338502　国家：中国

申请日：1999-4-23
申请号：19990004
品种权号：19990004
授权日：1999-12-29
品种权人：北京林业大学
培育人：朱之悌、林惠斌、张志毅、康向阳、李新国、赵勇刚、张金凤

品种特征特性：属于白杨派毛白杨的杂种，是用毛新杨 × 毛白杨回交、毛白杨染色体部分替换、花粉染色体加倍等技术，通过杂交、苗期测定、多点试验、材性测定和染色体镜检等过程，选育成功的三倍体新品种。雌性，干形通直，树皮浅褐色，树形十分开展，宽卵形，树冠有空膛现象，主侧枝较粗，长枝叶宽卵形，先端急尖，短枝叶卵圆形，基部微心形。抗叶锈病、褐斑病和煤污病较强。主要适用于在华北平原地区栽植，喜肥沃湿润的土壤或沙壤土，不适宜于盐碱严重地区使用。

三毛杨5号

（杨属）

联系人：张志毅　地址：北京市海淀区清华东路35号
电话：010-62338502　国家：中国

申请日：1999—4—23
申请号：19990005
品种权号：19990005
授权日：1999—12—29
品种权人：北京林业大学
培育人：朱之悌、林惠斌、张志毅、康向阳、李新国、赵勇刚、张金凤

品种特征特性：属于白杨派毛白杨的杂种，是用毛新杨 × 毛白杨回交、毛白杨染色体部分替换、花粉染色体加倍等技术，通过杂交、苗期测定、多点试验、材性测定和染色体镜检等过程，选育成功的三倍体新品种。雌性，干形通直，树形开展，广卵形，树皮浅褐色，侧枝粗度中等，长枝叶宽卵形，先端渐尖，叶基平截形，短枝叶卵圆形，先端急尖，基部平截。抗叶锈病、褐斑病和煤污病较强。主要适用于在华北平原地区栽植，喜肥沃湿润的土壤或沙壤土，不适宜于盐碱严重地区使用。

三毛杨6号

（杨属）

联系人：张志毅　地址：北京市海淀区清华东路35号
电话：010-62338502　国家：中国

申请日：1999-4-23
申请号：19990006
品种权号：19990006
授权日：1999-12-29
品种权人：北京林业大学
培育人：朱之悌、林惠斌、张志毅、康向阳、李新国、赵勇刚、张金凤

品种特征特性：属于白杨派毛白杨的杂种，是用毛新杨 × 毛白杨回交、毛白杨染色体部分替换、花粉染色体加倍等技术，通过杂交、苗期测定、多点试验、材性测定和染色体镜检等过程，选育成功的三倍体新品种。雌性，干顶部稍有弯曲，树皮灰绿色，树冠浓绿，树形开展，卵圆形，侧枝粗度中等，长枝叶宽卵形，先端渐尖，叶基部中等心形，短枝叶卵圆形，先端渐尖，基部微心形。抗叶锈病、褐斑病和煤污病较强。主要适用于在华北平原地区栽植，喜肥沃湿润的土壤或沙壤土，不适宜于盐碱严重地区使用。

多瓣白玉兰

（木兰属）

联系人：马月衡　地址：浙江省嵊州市城关镇下马村
电话：0575-3213467/0575-3201818/13701271818　国家：中国

申请日：1999－4－23
申请号：19990009
品种权号：20000001
授权日：2000－4－7
品种权人：王飞罡
培育人：王飞罡

品种特征特性：是从白玉兰中选育的自然芽变枝，以山玉兰为砧木进行无性繁殖。与相似品种白玉兰对比，该品种的特异性在于花瓣为 15 ～ 23 瓣，经 1 ～ 5 代苗，性能稳定。可露地越冬，不需要特殊条件。

滕阳红

（杏）

联系人：胡修义　地址：山东省滕州市善国北路12号
电话：5513266/5513256　国家：中国

申请日：2001－11－19
申请号：20010010
品种权号：20040013
授权日：2004－7－20
授权公告号：第0410号
授权公告日：2004－09－13
品种权人：滕州市林业局
培育人：胡修义、张淑静、徐颖、王印德、贺成彬、徐秀良、孟强

品种特征特性：该品种是在自然中发现的，亲本不详。该品种基本特征：一、特早熟，盛花期在每年的 3 月 27 日～ 4 月 1 日，成熟期在 5 月 25 日～ 5 月 31 日，果实发育期 55 ～ 60 天；二、完全花比例高，自然授粉力强，连年丰产；三、抗逆性强；四、果实圆整、端正、果个大，平均单果重 65 ～ 70g。在鲁南地区，土层厚度 25cm 以上的山地、丘陵地区都可种植，种植时应避开低洼地带。

长春二乔玉兰

（木兰属）

联系人：马月衡　地址：浙江省嵊州市鹿山街道下马村
电话：0575-3213467/0575-3201818/13701271818　国家：中国

申请日：1999－4－23
申请号：19990014
品种权号：20000002
授权日：2000－4－7
品种权人：王飞罡
培育人：王飞罡

品种特征特性：从引进二乔玉兰（一年一次春开花）中选育的芽变枝。繁育为无性繁殖，用山玉兰为亲本。其特异性在于：一年能三次开花，历经10代苗的繁育试验，保持一致稳定。适宜黄河以南，园林，街道行道树等美化区域种植，能抗pH值5～8.2之间，栽培与古代的二乔或白玉兰性能相似。

红元宝玉兰

（木兰属）

联系人：马月衡　地址：浙江省嵊州市城关镇下马村
电话：0575-3213467/0575-3201818/13701271818　国家：中国

申请日：1999–4–23
申请号：19990010
品种权号：20000003
授权日：2000–4–7
品种权人：王飞罡
培育人：王飞罡

品种特征特性：在紫玉兰中选育成功，经过 1 ～ 5 代苗观测，性能稳定。与紫玉兰对比，本品种的特异性在于：形状若元宝和花被内面也红色。秋季能盛开一次花（除早春先叶开花），性能稳定。黄河以南宜露地栽培。黄河以北可盆栽。嫁接在山玉兰地栽区域广一些，紫玉兰为砧木或扦插苗、须根系，黄河以北严冬不抗寒。

丹馨玉兰

（木兰属）

联系人：马月衡　地址：浙江省嵊州市城关镇下马村
电话：0575-3213467/0575-3201818/13701271818　国家：中国

申请日：1999-4-23
申请号：19990011
品种权号：20000004
授权日：2000-4-6
品种权人：王飞罡
培育人：王飞罡

品种特征特性：是从二乔玉兰中选育的自然芽变枝，经历 1 ~ 7 代无性繁殖，性能稳定。以山玉兰为砧木嫁接后代苗。特异性在于：有腋生和由于枝条近顶部节间缩短，能使 3 ~ 5 朵、有时更多朵花显簇拥状，花色鲜红，有浓香，1 ~ 7 代苗保持稳定。需全光照，但盆栽后，在室内窗台前有散射光，生长也稳定。半荫林带亦可生长。

景新玉兰

（木兰属）

联系人：马月衡　地址：浙江省嵊州市鹿山街道下马村
电话：0575-3213467/0575-3201818/13701271818　国家：中国

申请日：1999–4–23
申请号：19990012
品种权号：20000005
授权日：2000–4–7
品种权人：王飞罡
培育人：王飞罡

品种特征特性：是‘景宁木兰’中的自然芽变，1～6代苗的繁殖性能稳定。用山玉兰为砧木嫁接繁殖第一代苗已达高4m余。特异性在于：花瓣明显增多，提高了观赏价值，性能稳定。适应性同‘红运玉兰’等木兰科品种。不需特殊处理。

长花玉兰

（木兰属）

联系人：马月衡　地址：浙江省嵊州市城关镇下马村
电话：0575-3213467/0575-3201818/13701271818　国家：中国

申请日：1999－4－23
申请号：19990015
品种权号：20000006
授权日：2000－4－7
品种权人：王飞罡
培育人：王飞罡

品种特征特性：是从天目木兰中选育的自然芽变枝，历经1～7代无性繁殖，性能稳定。以山玉兰为砧木嫁接后代苗，亲和关系好。本品种的特异性在于：深秋盛开艳丽的花朵，而且性能稳定。在北京以南至广州，即－15～39℃地区和pH值在5.5～8.3均生长良好，与其他乔木半荫地栽培亦可。是街道优良树种。

红运玉兰

（木兰属）

联系人：马月衡　地址：浙江省嵊州市鹿山街道下马村
电话：0575-3213467/0575-3201818/13701271818　国家：中国

申请日：1999-4-23
申请号：19990013
品种权号：20000007
授权日：2000-4-6
品种权人：王飞罡
培育人：王飞罡

品种特征特性：是从二乔玉兰中选育的自然芽变枝，历经10代无性繁殖，性能稳定。以山玉兰为砧木嫁接后代苗。一年生枝绿褐色，具灰白色皮孔。叶椭状倒卵形。先端短渐尖，基部楔形，正面绿色。花被6～9片，鲜红色，一年3次开花。本品种的特异性：一年春、夏、秋三次开花，特别是盛夏木本花卉稀少的季节。与林带群植，耐半荫。

飞黄玉兰

（木兰属）

联系人：马月衡　地址：浙江省嵊州市城关镇下马村
电话：0575-3213467/0575-3201818/13701271818　国家：中国

申请日：1999-4-23
申请号：19990008
品种权号：19990008
授权日：2000-4-7
品种权人：王飞罡
培育人：王飞罡

品种特征特性：在白玉兰中选育芽变枝，经1～6代的无性繁殖，稳定性良好，繁殖用山玉兰为砧木进行嫁接。母体已高近8m。本品种的特异性在于：花色是黄色和金黄色，性能稳定而且生长迅速。适应性强，宜街道做行道树，喜光照性强，更喜欢基肥充足。

太行之恋

（蔷薇属）

联系人：李秀华　地址：焦作市卫校西街199号
电话：0391-2608029/0391-2608032　国家：中国

申请日：1999—4—23
申请号：19990016
品种权号：20000009
授权日：2000—4—7
品种权人：焦作市风景园林管理处
培育人：李秀华、赵卫星

品种特征特性：该品种为‘电钟’的天然杂交后代。与国内外著名的‘红双喜’和‘电钟’品种相比较，其特点是花色纯白玫红边，且随着花期延长，红色加深。花为浓香型。花瓣质地厚，有绒光。该品种适宜种植区域广泛，国内外均可种植，但土地肥力要好，栽培管理要及时，扦插繁殖要采取特殊处理。

贵夫人

（蔷薇属）

联系人：李秀华　地址：焦作市卫校西街199号
电话：0391-2608029/0391-2608032　国家：中国

申请日：1999–4–23
申请号：19990017
品种权号：20000010
授权日：2000–4–7
品种权人：焦作市风景园林管理处
培育人：李秀华、赵卫星

品种特征特性：该品种为‘亚利桑娜’的天然杂交后代。与相近品种‘亚利桑娜’相比，其特点是花色橙红复色有绒光，翘角高心形，浓香。叶大而厚，墨绿有光，花枝硬长，直立。而对照品种‘亚利桑娜’花色为橙黄色，浓香，卷边高心形，叶厚而无光泽。该品种适宜种植区域广泛，国内外均可种植，但土地肥力要好，栽培管理要及时，扦插繁殖要采取特殊处理。

山阳红

（蔷薇属）

联系人：李秀华　地址：焦作市卫校西街199号
电话：0391-2608029/0391-2608032　国家：中国

申请日：1999—4—23
申请号：19990018
品种权号：200000011
授权日：2000—4—7
品种权人：焦作市风景园林管理处
培育人：李秀华、赵卫星

品种特征特性：该品种为‘新十七’的天然杂交后代。与国内相似品种‘粉和平’相比，其特点是花色深粉，具蓝色光泽，花形内卷边高心形，浓香，花瓣12层60枚，而‘粉和平’花色粉红，花形为平瓣杯状形，花瓣10层50枚，甜香。该品种适宜种植区域广泛，国内外均可种植，但土地肥力要好，栽培管理要及时，扦插繁殖要采取特殊处理。

女王之女

（蔷薇属）

联系人：李秀华　地址：焦作市卫校西街199号
电话：0391-2608029/0391-2608032　国家：中国

申请日：1999–4–23
申请号：19990019
品种权号：20000012
授权日：2000–4–7
品种权人：焦作市风景园林管理处
培育人：李秀华、赵卫星

品种特征特性：该品种为‘伊丽莎白女王’的芽变品种。该品种与亲本‘伊丽莎白女王’相比，花色由粉红变为淡粉色，花形有平瓣杯状形变为平瓣满心形。该品种适宜种植区域广泛，国内外均可种植，但土地肥力要好，栽培管理要及时，扦插繁殖要采取特殊处理。

挚友

（蔷薇属）

联系人：李秀华　地址：焦作市卫校西街199号
电话：0391-2608029/0391-2608032　国家：中国

申请日：1999-4-23
申请号：19990020
品种权号：200000013
授权日：2000-4-7
品种权人：焦作市风景园林管理处
培育人：李秀华、赵卫星

品种特征特性：该品种为‘X夫人’的天然杂交后代。与国内外培育的无刺月季品种‘巴黎铁塔’和‘无刺粉红’相比，其特点是花色乳白、粉红边，瓣厚蜡质状，有光泽。花为杯状形，味浓香。与‘公主’相比，花色与花形相似，而‘挚友’的最显著特点是整株无刺，对照三品种局部有大皮刺。该品种适宜种植区域广泛，国内外均可以种植，但土地肥力要好，栽培管理要及时，扦插繁殖要采取特殊处理。

玉丹

（山茶属）

联系人：林兆洪　地址：浙江省金华市三江街道洪坞村花木场
电话：0579-2465118　国家：中国

申请日：1999–4–23
申请号：19990021
品种权号：20000014
授权日：2002–12–29
品种权人：林兆洪
培育人：林兆洪、游慕贤、申屠文月

品种特征特性：本品种为‘粉丹’的芽变种。本品种与国内山茶花品种‘粉丹’相近，主要区别在于：‘玉丹’的叶芽呈青绿色，嫩叶具隐条、隐块，花玉白色。而‘粉丹’的叶芽呈淡红色，嫩叶无隐条、隐块；花为粉红色。本品种在种植环境及栽培技术上的要求，与其他山茶花品种没有区别。

华美红

（山茶属）

联系人：林兆洪　地址：浙江省金华市三江街道洪坞村花木场
电话：0579-2465118　国家：中国

申请日：1999–4–23
申请号：19990022
品种权号：200000015
授权日：2000–12–29
品种权人：林兆洪
培育人：林兆洪、游慕贤、申屠文月

品种特征特性：该品种为‘丹东皇冠’和‘美国大红’同时嫁接在‘四面景’植株上，‘美国大红’受丹东皇冠影响异变变异而成。‘华美红’的相似品种为‘美国大红’。形态特征与‘美国大红’的区别主要是：‘华美红’的部分叶片有黄斑，花为复色，大红色底洒多数白色点状。本品种的栽培环境和技术要点与其他山茶花品种相比，无特殊要求。

奥丽帕拉姆(OLIJPLAM)

（蔷薇属）

联系人：OLIJ ROZEN V.O.F公司　地址：ACHTERWEG 73 1424 PP DE KWAKEL,NETHELANDS
电话：（31）297-382929/（31）297-341340　国家：荷兰

申请日：1999－11－28
申请号：19990007
品种权号：20000016
授权日：2000－12－29
品种权人：OLIJ ROZEN V.O.F公司
培育人：Huibert,Wijand OLIJ

品种特征特性：来自于在两个亲本之间进行人工授粉进行杂交，母本为‘PEKCOUJENNY’，父本为‘RUIDRIKO’。形成重瓣性暗红色花朵，重瓣性强且稳定，花形规整，从上方看呈星形，引人注目；生长势强，表现出直立生长的形态，茎杆粗壮，长刺数量较少，短刺数量很少至几乎无；叶色暗绿色并有光泽，几乎为持续开花，产量高，特别适宜于温室条件下的切花生产。与对照品种比较，植株宽度较对照品种略窄；花形明显不同，该品种星形，对照呈不规则圆形；茎杆较对照略粗壮且直，叶子中等大小较对照略小。该品种尤其适合于栽植在保护地中进行切花生产，在适宜的温室中几乎为持续开花。

抗虫杨12号

（杨属）

联系人：韩一凡　地址：北京颐和园后中国林科院林业所
电话：010-62889642/010-62872015　国家：中国

申请日：2000–8–15
申请号：20000003
品种权号：20000017
授权日：2000–12–29
品种权人：中国林业科学院林业研究所
培育人：韩一凡

品种特征特性：用带有 35S–Ω–Bt–NOS 嵌合基因的双元载体的农杆菌 LBA4404 转化欧洲黑杨的叶片外植林，获得再生植株。特异性：抗食叶害虫，抗虫率为 80% ~ 100%；抗害，能耐 –30℃的低温；叶片为阔卵形，叶片基部为截形 ~ 微心形；雌株；叶芽平均长 8.85mm，宽 3.3mm。该品种适宜在三北地区种植，要求水肥条件良好，在干旱地区栽种应具备灌溉条件。

玫卡丽

（蔷薇属）

联系人：MEILLAND STAR ROSE S.A.　地址：DOMAINE DE SAINT-ANDRE LE CANNET DES MAURES 83340 LE LUC EN PROVENCE,FRANCE　电话：（33）4 94505325/（33）4 94479829　国家：法国

申请日：2000-3-28
申请号：20000006
品种权号：20000018
授权日：2000-12-29
品种权人：MEILLAND STAR ROSE S.A.
培育人：Alain Antoine MAILLAND

品种特征特性：该品种来自于在两个亲本之间进行人工授粉，进行杂交，获得的实生苗通过嫁接与扦插而获得目前商品化的新品种。花朵为重瓣暗红色，具有丝绒质感，从上方观看呈不规则圆形，花期长，引人注目；叶子较大为深绿色，叶子正面有光泽，与花朵的颜色非常匹配；植株较高，植物茎干修长、直立，长刺数量很少至几乎无，幼枝颜色呈红棕色至紫红色；花期较早，几乎为持续开花。与对照品种比较，植株高度较对照品种高，宽度较对照品种窄，株形紧凑；花期明显不同，该品种不规则圆形，对照品种呈星形；茎干较对照品种细长、刺较少；叶子较大。该品种尤其适合于栽植在保护地中进行切花生产，在适宜的温度中几乎为持续开花。

玫康馥

（蔷薇属）

联系人：MEILLAND STAR ROSE S.A.　地址：DOMAINE DE SAINT-ANDRE LE CANNET DES MAURES 83340 LE LUC EN PROVENCE,FRANCE　电话：（33）4 94500325/（33）4 94479829　国家：法国

申请日：2000-05-12
申请号：20000012
品种权号：20000019
授权日：2000-12-29
品种权人：MEILLAND STAR ROSE S.A.
培育人：Alain, Antoine MEILAND

品种特征特性：该品种来自于在两个亲本之间进行人工授粉进行杂交，杂交数量2株，获得种子23粒，发芽数量为12株，获得的实生苗通过嫁接在砧木上进而通过扦插而获得目前商品化的新品种植株。该品种具有以下特点：形成重瓣复色花，上部呈深粉红色，使其原色为巧克力外表，里部呈奶黄色；重瓣性强且稳定，花朵直径大，花朵从上方看呈不规则圆形，引人注目；株形紧凑，植株高度中等，茎干直立，幼枝红棕色至紫红色，枝条长刺数量很少，短刺数量少至中等；叶子较大，中等绿色，光泽适中；几乎为持续开花，初花时间较早。与对照品种比较，植株高度较对照品种略矮小，枝条的长刺数量较少，叶子大小近似，叶子颜色较对照品种略浅；花色方面复色更为突出与明显，花形与对照品种相似，较对照品种略圆整，花朵直径较大，初花时间较早。该品种尤其适合于栽植在保护地中进行生产，在适宜的温室中，初花期较短并且几乎持续开花。

山新杨

（杨属）

联系人：李兴业　地址：黑龙江省齐齐哈尔市富拉尔基区全合台
电话：0452-6981860/0452-6981520　国家：中国

申请日：2000-06-20
申请号：20000013
品种权号：20000020
授权日：2000-12-29
品种权人：黑龙江省防护林研究所
培育人：沈清越、杨淑珍、黄德丛、康忠信、周丽君、郑荣华

品种特征特性：该品种以采自嫩江县高峰林场山杨为母本，父本新疆杨来源于乌鲁木齐，于1964年进行杂交组合，经20年栽培试验，表现良好，性状稳定。树干通直，树皮光滑淡绿色，披白粉，20年生树皮尚未开裂，侧枝细长，先端及腋芽密生绒毛，光滑无棱，几乎与主干平行向上生长，树姿秀丽整洁美观。短枝叶盾形或圆形，叶宽3～4.5cm，长3～4.5cm，先端短渐尖，边缘有六大锯齿，半透明边缘，叶柄及叶背具银白色绒毛，叶表暗绿色。果序长7～10cm，有蒴果实60以上，果序自然脱落不飞絮。该品种与对照品种‘新疆杨’比较，树冠‘山新杨’从尖塔形到椭圆形，‘新疆杨’一般是圆柱形或尖塔形，短枝叶‘山新杨’是盾形或圆形，‘新疆杨’是近圆形或椭圆形，叶缘‘山新杨’有六大锯齿，半透明边缘，叶柄及叶背具银白色或短绒毛，‘新疆杨’叶缘有粗缺齿，几乎无色。‘山新杨’适应性强，抗逆性好，试验证明，该品种在最低气温-39.5℃，昼夜温差22℃的条件下，无冻害发生。该品种生长速度较快，6年生平均树高7.26m，平均胸径7.3cm，喜生长于土壤肥沃、水分充足的沙质土壤。‘山新杨’生根能力较差，常规扦插成活率低，一般现采用嫁接方法繁殖。

黑防3号杨

（杨属）

联系人：李兴业　地址：黑龙江省齐齐哈尔市富拉尔基区全合台
电话：0452-6981860/0452-6981520　国家：中国

申请日：2000-6-20
申请号：20000014
品种权号：20000021
授权日：2000-12-29
品种权人：黑龙江省防护林研究所
培育人：周立君、温宝阳、耿丽英、王福森、王春

品种特征特性：该品种采用杂交方法在黑龙江省防护林研究所培育，母本为1981年从内蒙古扎兰屯市采来的拟青杨，父本为北京市的山海关杨，通过室内人工水培控制杂交获得下一代苗木，1989年开始区域化试验。经12年的连续观察，性状稳定。该品种外部形态主要倾向母本青杨。雄性，雄花花繁序长5～10cm，树干通直，幼树梢弯曲，树皮光滑翠绿色；树冠广卵形，枝圆、细柔、分枝角60°～70°；萌枝叶较大量卵形，基部截形或阔楔形，先端正钝尖；短枝叶卵状三角形，叶缘具钝锯齿，基部1～2个腺点，叶柄扁；萌枝叶长10～25cm，宽7～18cm，短枝叶长7.5cm左右，叶长宽比为1.3～1.5：1，芽长1.5cm，瘦长，富黏液。该品种与对照品种‘小黑杨’相比：萌条，‘小黑杨’有8条显著棱线，而该品种棱线不明显；侧枝分棱角，该品种较大；短枝叶，‘小黑杨’酷似，该品种三角形；雄花花序，该品种较长；芽，小黑杨稍弯，该品种瘦长。适应性强，抗逆性好，区域化试验证明，该品种能够在最低气温-37.2℃、最短无霜期127天、年降水量400mm左右、有机质含量1.0%、pH值8.3的自然条件下，正常生长。

卡罗吉罗(Korrogilo)

（蔷薇属）

联系人：WILHELM KORDES　地址：ROSENSTER.54
电话：+49-4121 4870-0/+49-4121 84745　国家：德国

申请日：2000-7-25
申请号：20000015
品种权号：20000022
授权日：2000-12-29
品种权人：W.Korder' Sohne
培育人：Wilhelm Kordes，Tim-Hermann Kordes，Margarita Kordes

品种特征特性：该品种来自于在两个亲本之间进行人工授粉进行杂交，母本为‘TEXAS’，父本是尚未定名的第603号(No.603)杂交香水月季品种。该品种生长势强壮，侧枝发达，产量很高，即使在不适宜的温度和光照条件下也几乎没有盲枝；花形大小适中并且有着诱人的形状，从蕾期及至盛开都有着深黄色的迷人色彩；花蕾开放非常缓慢，花色深黄并且在所有季节以及所有栽培条件都能保持色彩的稳定；茎杆硬挺，长度非常一致，约为50mm；有着特别高的产量，平均为每平方米每年210支切花；极好的保鲜性能和耐运输特性。与对照品种比较，该品种枝条上大于5cm的皮刺数量明显要少于对照品种，表现为很少至几乎无；花形从上方看呈星形；花色较对照品种金黄。该品种尤其适合于栽植在保护地中进行切花生产，其对环境的适应性强，生长强壮，截至目前还没有什么病害。

芳碧莎(FEBESA)

（蔷薇属）

联系人：MEILLAND STAR ROSE S.A.　地址：DOMAINE DE SAINT-ANDRELE CANNET DES MAURES,83340 LE LUC EN PROVINCE,FRANCE　电话;(33)4 94 500325/(33)494479829　国家：法国

申请日：2000-9-8
申请号：20000016
品种权号：20000023
授权日：2000-12-29
品种权人：MEILLAND STAR ROSE S.A.
培育人：ROSES NOVES FERRER,S.L.

品种特征特性：该品种来自于在两个亲本之间进行人工授粉获得种子培育而成，所获得的实生苗通过嫁接在砧木上而获得目前商业化的新品种植株，母本为‘INEDITA’，父本为‘LAMBADA’。该品种形成半复瓣花，花色纯净且稳定，呈中粉色；重瓣性稳定，花朵直径大，花朵从上方观看呈星形，引人注目；株形紧凑，属于狭窄灌木型，植株生长密集，一般情况下，高度为60～150cm之间，茎秆直立，枝条长刺数量很少至中等，短刺数量很少，生长旺盛，繁殖力很强；几乎为持续开花，初花时间晚；抗病虫害性能极好。与对照品种相比较，植株较紧凑，为狭窄灌木型；花形从上方看呈星形，对照品种为不规则圆形，花朵直径大小近似；初花时间较对照品种略晚。该品种尤其适合于栽植在保护地进行切花生产，具有花色迷人、产量较高、抗病虫害等优点。

新世纪

（杏）

联系人：陈学森　地址：山东省泰安市岱宗大街61号
电话：0538-8249338/0538-8242364　国家：中国

申请日：2001－1－2
申请号：20010002
品种权号：20010001
授权日：2001－5－14
授权公告日：2001－5－14
品种权人：山东农业大学
培育人：陈学森、高东升、李宪利、张艳敏、张连忠

品种特征特性：本品种以‘二花槽’杏为母本、‘红荷包’杏为父本进行有性杂交，将杂种胚接种于试管进行胚培养。试管胚培苗移植于花盆炼苗成活后，1991年4月定植于大田。‘新世纪’杏果实卵圆形，果顶平；树冠开张，枝条自然下垂；叶片大，浓绿，长8.0～9.5cm，宽5.2～6.4cm，叶尖渐尖，叶基近圆形，叶面光滑，叶背无绒毛，叶缘钝锯齿；幼树生长势强，萌芽率及成枝力均高，两年生后成枝力明显下降，极易形成短果枝，早果性强。该品种与相近品种比较，具有败育花比率低、果个大、成熟早、丰产性强、外观美、品质优等显著优点，是‘红荷包’、‘凯特’等产品理想的更新换代品种。该品种适宜在我国山东、河北、北京、陕西、山西、甘肃、河南及安徽等地发展，我国南方各省可在冬季温度较低的高海拔地区适度发展，以便满足杏树低温休眠的需要；抗旱不耐涝，开花早，易遭晚霜危害。

红丰

（杏）

联系人：陈学森　地址：山东省泰安市岱宗大街61号
电话：0538-8249338/0538-8242364/13705388723　国家：中国

申请日：2001－1－2
申请号：20010001
品种权号：20010002
授权日：2001－5－14
授权公告日：2001－5－14
品种权人：山东农业大学
培育人：陈学森、高东升、李宪利、张艳敏、张连忠

品种特征特性：本品种以‘二花槽’杏为母本、‘红荷包’杏为父本进行有性杂交，将杂种胚接种于试管进行胚培养。试管胚培苗移植于花盆炼苗成活后，1991年4月定植于大田。‘红丰’杏果实近圆形，平均单果重56g，最大果重70g，缝合线较明显，两侧对称，果面光洁，底色为黄色，2/3果面着鲜红色，味甜微酸，风味浓，半离核，仁苦，在山东泰安5月26日成熟，果实发育期57天。枝条红色，极易形成短果汁枝，早果性强，幼树定植第二年结果，3～4年进入丰产期；花期晚，败育花比率低，能自花结实，坐果率高，丰产性强。该品种与相近品种比较，具有败育花比率低、丰产性强、成熟早、外观美、品质优等显著优点，是‘红荷包’、‘凯特’等产品理想的更新换代品种。该品种适宜在我国山东、河北、北京、陕西、山西、甘肃、河南及安徽等地发展，我国南方各省可在冬季温度较低的高海拔地区适度发展，以便满足杏树低温休眠的需要；抗旱不耐涝，开花早，易遭晚霜危害。

创新1号

（杨属）

联系人：韩一凡　地址：北京颐和园后中国林科院林业所
电话：010-62889642/010-62872015　国家：中国

申请日：2000－8－15
申请号：20000001
品种权号：20010003
授权日：2001－8－29
品种权人：中国林业科学院林业研究所
培育人：韩一凡

品种特征特性：该品种为人工杂交种，其母本为南抗杨，花枝采自陕西省城固县，父本帝国杨（*P.del*.‘Imperial’），引自加拿大，花枝采自辽宁省建平县，1992年采用切枝离体水培方法在室内控制授粉，获得杂交种。经品种比较林、人工接虫、区域试验林，选出了抗光肩星天牛、速生、易繁殖及抗寒性强的植株。特异性：抗光肩星天牛，抗虫率100%；抗寒，能耐－30℃的低温；叶片为广卵形，长枝叶的基部为心脏形，先端急尖，叶片与叶柄长度比为1∶1，短枝叶基部为截形；苗干灰色，叶芽下具3条较长棱线，紫褐色，从苗干横切面俯视具有7个棱角，芽为紫褐色，上具橘黄色芽胶，皮孔白色，长卵形，分布均匀，树皮2年后开裂。本品种要求水肥条件良好，在干旱地区栽种应具备灌溉条件。

北抗一号

（杨属）

联系人：韩一凡　地址：北京颐和园后中国林科院林业所
电话：010-62889642/010-62872015　国家：中国

申请日：2000-8-15
申请号：20000002
品种权号：20010004
授权日：2001-8-29
品种权人：中国林业科学院林业研究所
培育人：韩一凡

品种特征特性：该品种为人工杂交种，其母本为‘南抗1号’杨，采自陕西省城固县，父本D175引自加拿大，花枝采自辽宁省建平县，1992年采用切枝离体水培方法在室内控制授粉，获得杂交种。与相近品种比较，具有抗寒性、速生性和抗虫性（抗光肩星天牛）。适宜种植在“三北”地区，要求水肥条件良好，在干旱地区种植应具备灌溉条件。

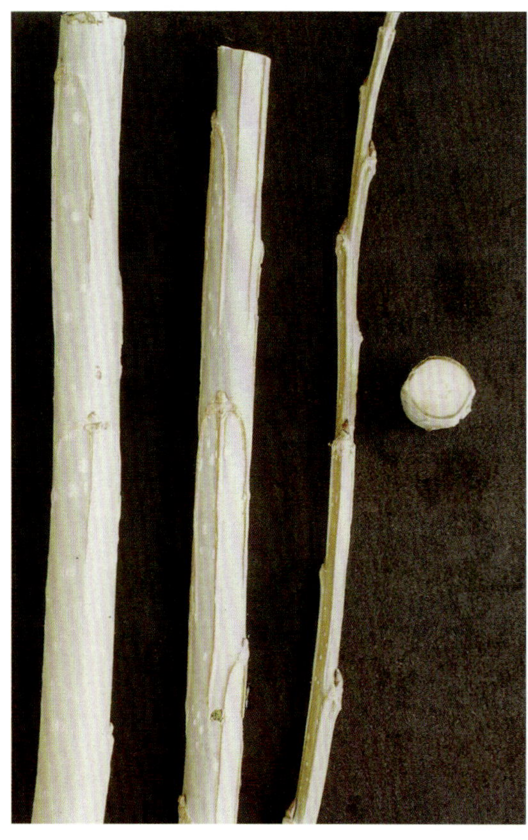

菊花白

（牡丹）

联系人：陈德忠　地址：甘肃省兰州市榆中县和平牡丹园
电话：0931-5278429/0931-5278539　国家：中国

申请日：1999-4-23
申请号：19990023
品种权号：20010005
授权日：2001-7-3
品种权人：陈德忠
培育人：陈德忠

品种特征特性：系紫斑牡丹品种群，‘冰山雪莲’与‘赵粉’杂交选育。与国内外相近品种比较，该品种抗逆力强，内瓣白色细长条状。该品种适宜种植的区域：凉爽干燥坡地；平川多雨区需防涝。

陇右二乔

（牡丹）

联系人：陈德忠　地址：甘肃省兰州市榆中县和平牡丹园
电话：0931-5278429/0931-5278539　国家：中国

申请日：1999－4－23
申请号：19990024
品种权号：20010006
授权日：2001－7－3
品种权人：陈德忠
培育人：陈德忠

品种特征特性：该品种属紫斑牡丹系，由‘紫海银波’自交系选育。与国内外相近品种比较，该品种外纹发光，内白有红条带，部分点金，斑红 3×3，衣残红，柱头肉红。该品种适宜种植区域：较干燥凉爽的地区；平川多雨区防涝。

江南桔红

（牡丹）

联系人：陈德忠　地址：甘肃省兰州市榆中县和平牡丹园
电话：0931-5278429/0931-5278539　国家：中国

申请日：1999－4－23
申请号：19990025
品种权号：20010007
授权日：2001－7－3
品种权人：陈德忠
培育人：陈德忠

品种特征特性：该品种属紫斑牡丹系，‘玫瑰红’与‘胡红’杂交选育。与国内外相近品种比较，该品种色鲜橘红，小叶9枚圆。该品种适宜种植区域：长江以北干燥凉爽的地区；平川多雨区防涝。

铁面无私

（牡丹）

联系人：陈德忠　地址：甘肃省兰州市榆中县和平牡丹园
电话：0931-5278429/0931-5278539　国家：中国

申请日：1999-4-23
申请号：19990026
品种权号：20010008
授权日：2001-7-3
品种权人：陈德忠
培育人：陈德忠

品种特征特性：该品种属紫斑牡丹系，‘珠砂红’与‘玫瑰红’杂交选育。与国内外相近品种比较，特抗旱，耐盐碱，耐寒，没病虫害。该品种适宜于北方大部分地区。

母爱

（牡丹）

联系人：陈德忠　地址：甘肃省兰州市榆中县和平牡丹园
电话：0931-5278429/0931-5278539　国家：中国

申请日：1999－4－23
申请号：19990027
品种权号：20010009
授权日：2001－7－3
品种权人：陈德忠
培育人：陈德忠

品种特征特性：该品种属紫斑牡丹系，‘珠砂红’与‘冰山雪莲’杂交选育。与国内外相近品种比较，其特点：有一花瓣包裹雌蕊不展不掉，红，单，18×18，稍波曲，瓣紫 3.5×3，雄多，衣半包红，株头红。该品种适宜种植区域：最适高海拔干燥凉爽的坡地；长江以北平原已引种成功，须防涝排水。

冰山雪莲

（牡丹）

联系人：陈德忠　地址：甘肃省兰州市榆中县和平牡丹园
电话：0931-5278429/0931-5278539　国家：中国

申请日：1999−4−23
申请号：19990028
品种权号：20010010
授权日：2001−7−3
品种权人：陈德忠
培育人：陈德忠

品种特征特性：系紫斑牡丹品种群，由兴隆山野牡丹与‘大瓣白’（老品种）杂交中选出。与国内外相近品种比较，其特点是：比‘凤单白’适应性（耐寒、抗旱、耐盐碱、耐瘠薄、病虫害少）强；比同类白色单瓣香味浓，黑色斑。最适高海拔干燥凉爽的坡地；长江以北平原已引进成功，须防涝排水。

攀登

（牡丹）

联系人：陈德忠　地址：甘肃省兰州市榆中县和平牡丹园
电话：0931-5278429/0931-5278539　国家：中国

申请日：1999－4－23
申请号：19990029
品种权号：20010011
授权日：2001－7－3
品种权人：陈德忠
培育人：陈德忠

品种特征特性：‘书生棒墨’与‘似荷莲’杂交选育。与国内外相近品种比较，其特点：上部有红晕，棕红斑射线达顶8×3，雄无。适宜种植的区域：气温 −30℃以上可栽植，平川防涝。

精神焕发

（牡丹）

联系人：陈德忠　地址：甘肃省兰州市榆中县和平牡丹园
电话：0931-5278429/0931-5278539　国家：中国

申请日：1999-4-23
申请号：19990030
品种权号：20010012
授权日：2001-7-3
品种权人：陈德忠
培育人：陈德忠

品种特征特性：紫斑牡丹系，玫瑰红，‘精神焕发’与国内外相近品种比较，其特点是：较抗旱、耐寒、耐盐碱，病虫害少。适北方地区庭院街道美化，平川地区适当防涝。

雪海冰心

（牡丹）

联系人：陈德忠　地址：甘肃省兰州市榆中县和平牡丹园
电话：0931-5278429/0931-5278539　国家：中国

申请日：1999－4－23
申请号：19990031
品种权号：20010013
授权日：2001－7－3
品种权人：陈德忠
培育人：陈德忠

品种特征特性：系紫斑牡丹品种群，有兴隆山野牡丹与‘凤单白’杂交选出。与国内外相近品种比较，其特点：较耐寒、抗旱、耐盐碱、耐瘠薄、病虫害少；香味浓，红色斑。适干燥凉爽的高海拔地区；川区、平原生长较好，须防涝。

一捧雪

（牡丹）

联系人：陈德忠　地址：甘肃省兰州市榆中县和平牡丹园
电话：0931-5278429/0931-5278539　国家：中国

申请日：1999－4－23
申请号：19990032
品种权号：20010014
授权日：2001－7－3
品种权人：陈德忠
培育人：陈德忠

品种特征特性：系紫斑牡丹系，小陇山野牡丹与‘大瓣白’杂交选育。与国内外相近品种比较，其特点是：抗逆力强；色白重瓣。适宜种植区域：干燥凉爽；平原多雨区防涝。

佛光

（牡丹）

联系人：陈德忠　地址：甘肃省兰州市榆中县和平牡丹园
电话：0931-5278429/0931-5278539　国家：中国

申请日：1999–4–23
申请号：19990033
品种权号：20010015
授权日：2001–7–3
品种权人：陈德忠
培育人：陈德忠

品种特征特性：紫斑牡丹品种群，‘金城晚霞’自交系选育。与国内外相近品种比较，其特点：外平展，内波，下部内红，上浅蓝，背多百条线，斑黑 2.5×1.5，丝红。适宜种植区域：长江以北干燥凉爽地区；平川区多雨防涝。

天山侠女

（牡丹）

联系人：陈德忠　地址：甘肃省兰州市榆中县和平牡丹园
电话：0931-5278429/0931-5278539　国家：中国

申请日：1999-4-23
申请号：19990034
品种权号：20010016
授权日：2001-7-3
品种权人：陈德忠
培育人：陈德忠

品种特征特性：‘金城晚霞’自交系选育。与国内外相近品种比较，其特点：瓣中央多红线，边粉，瓣大均平展。适宜种植区域：长江以北干燥凉爽地区；平川区多雨防涝。

熊猫

（牡丹）

联系人：陈德忠　地址：甘肃省兰州市榆中县和平牡丹园
电话：0931-5278429/0931-5278539　国家：中国

申请日：1999—4—23
申请号：19990035—1
品种权号：20010017
授权日：2001—7—3
品种权人：陈德忠
培育人：陈德忠

品种特征特性：系紫斑牡丹品种群，‘兴隆山牡丹’杂交后代。与国内外相近品种比较，其特点：抗旱、耐寒、耐盐碱、病虫害少；花大、斑黑、大 4cm × 3cm。适宜种植区域：干燥凉爽坡地；平川多雨区防涝。

紫科一号

（红豆杉属）

联系人：谢志远　地址：山东省烟台市胜利路66号胜利大厦9层
电话：0535-6231288/0535-6151072/13801190738/010-61711864　国家：中国

申请日：2000–3–26
申请号：20000007
品种权号：20010018
授权日：：2001–7–3
品种权人：烟台中林紫杉新科技有限公司
培育人：谢志远

品种特征特性：该品种是引种过程中发现变异的优良品种。‘紫科1号’树形为柱形，主枝上行，侧枝呈45°角向上方生长；叶片为条形，先端渐尖，有凸起的刺突；基部为窄锲形、微弯，边缘不卷曲，叶片质地较厚；春季萌发的新叶片正面为黄绿色，气孔带颜色为黄绿色，中脉为浅绿色；冬芽为卵圆形，不贴近枝条，芽鳞基部有纵背，先端急尖，芽鳞存于小枝基部；小枝轮生，叶片着生较多，呈簇，一年生枝，秋后呈红褐色，2～3年生枝条呈浅灰色；树体分枝较多，一般在5～20个枝，小枝生长不发达。对照品种‘Hicksii’树形为直立形，呈圆柱状。叶片呈条形，有凸起的刺状尖头；基部为直锲形、微弯，边缘不卷曲，叶片质地不厚，春季萌芽的新叶片正面颜色为亮绿色，秋季为暗绿色；气孔带颜色为黄绿色，中脉为绿色；冬芽不贴近枝条，芽鳞背部有纵背，芽鳞先端急尖，芽鳞宿存于小枝基部；小枝轮生，叶片着生密度大；一年生枝条，秋后颜色为红褐色，二三年生枝条为灰褐色，主枝分枝数为3～5个，侧枝不发达，垂直长势较好；树木一般7年生，植株高达到170cm左右；年平均生长量为50cm。本品种对水肥条件要求不高，适宜在山区、平原地区种植。

骄阳

（山茶属）

联系人：徐碧玉　地址：浙江省杭州市西山路14号
电话：0571-7998035/0571-7062839-花圃　国家：中国

申请日：1999－4－23
申请号：19990035
品种权号：20010019
授权日：2001－7－3
品种权人：杭州花圃
培育人：杭州花圃

品种特征特性：培育方法为常规种间杂交，以‘丹芝’为母本、‘黑牡丹’为父本。因尖萼红山茶是我国特有种，未见相同组合的杂交报道。华中、华南等温带、亚热带区域均可种植。

艾思油栗

（板栗）

联系人：艾克思　地址：河南省信阳市浉河区五星乡信阳艾思油栗原种基地
电话：0376-6608189　国家：中国

申请日：2000-9-29
申请号：20000017
品种权号：20020001
授权日：2002-12-13
授权公告号：第0303号
授权公告日：2003-08-06
品种权人：艾克思、艾思扬
培育人：艾克思、艾思扬

品种特征特性：杂交育种，母本：8年生‘豫罗红’实生树，父本：‘确山油栗’。特异性：粒大，平均25g，最大35g，对照品种‘豫栗王’平均14g，最大20g；颜色，深红褐色，‘豫栗王’红褐色；叶片，宽大，浓绿，迟落，‘豫栗王’窄小，黄绿，正常落；树势：壮，开张，‘豫栗王’树势一般，树姿收拢；成熟：9月底10月上旬成熟，‘豫栗王’9月中旬至下旬成熟。该品种适宜栽植于北温带和亚热带广大地区、半山区和有排涝条件的平原地区。

中天杨

（杨属）

联系人：孙仲序　地址：山东省泰安市文化路24号 山东农业大学
电话：0538-8242981/8249789　国家：中国

申请日：2002-12-6
申请号：20020016
品种权号：20030001
授权日：2003-12-12
授权公告号：第0402号
授权公告日：2004-01-16
品种权人：山东农业大学
培育人：孙仲序、崔德才、陈受宜

品种特征特性：该品种是以八里庄杨（太青杨、忠和杨）为试材，经转mtl-D基因所培育的抗盐新品种。该品种的生长量、生长规律、物理力学、苗期多枝性等绝大部分形态特征和生长特性与八里庄杨差别不大，唯有耐盐性有较大的区别，转基因植株组织培养、盆栽试验能耐NaCl0.6%，比对照提高了4倍；水培（NaCl）和大田试验，其抗盐性不超过0.4%，比对照提高了2.7倍。该品种适宜种植在干旱瘠薄，含盐量不超过0.4%的盐渍化土壤上，但在肥沃湿润的土壤上生长更好。

龙廷杏梅

（杏）

联系人：丁栋梁　地址：山东省新泰市龙廷镇
电话：0538-7152211/7154098　国家：中国

申请日：2002-8-27
申请号：20020014
品种权号：20030002
授权日：2003-12-12
授权公告号：第0402号
授权公告日：2004-01-16
品种权人：山东省新泰市龙廷镇人民政府
培育人：丁栋梁、耿效峰、刘少海、刘涛、徐勤伟

品种特征特性：‘龙廷杏梅’是选育的芽变品种。树皮灰白色，多分枝，外围新梢阳面红色，叶椭圆形，花白色，雄蕊30个，雌蕊高于雄蕊。果实近球形，果顶平滑，缝合线浅，两侧对称，果实大，平均单果重71.3g，最大110g；果面无粉无毛光滑有光泽，向阳面颜色鲜红；果肉黄色半透明、较韧，有3～5天后熟期。香味浓，鲜食甜酸可口。适于生长在背风向阳肥沃的沙质壤土。

丹红杨

（杨属）

联系人：韩一凡　地址：北京市颐和园后中国林业科学研究院林业研究所
电话：010-62889642/010-62872015　国家：中国

申请日：2002–7–3
申请号：20020008
品种权号：20030003
授权日：2003–12–12
授权公告号：第0402号
授权公告日：2004–01–16
品种权人：中国林业科学院林业研究所
培育人：韩一凡、胡建军、李淑梅、李玲、佟永昌、赵自成、苏雪辉、魏万生

品种特征特性：‘丹红杨’是美洲黑杨南方型，以‘美洲黑杨50号’杨为母本，‘美洲黑杨36号’杨为父本，通过人工控制授粉所获得。通过家系林，品种比较林和区试林的比较实验选择而产生。该品种为雌性。短枝叶叶尖宽尖，基部截形或宽楔形；长枝叶基部宽楔形，叶尖宽锐尖；芽胶橘黄色；树皮粗糙。通过实验，桑天牛感虫率为0，而‘I–69杨’感虫率为91%。与对照‘I–69杨’相比表现出明显的耐桑天牛特性、速生性和强生根能力。适于在桑树种植地区即桑天牛危害区种植。

南杨

（杨属）

联系人：韩一凡　地址：北京市颐和园后中国林业科学研究院林业研究所
电话：010-62889642/010-62872015　国家：中国

申请日：2002-7-3
申请号：20020009
品种权号：20030004
授权日：2003-12-12
授权公告号：第0402号
授权公告日：2004-01-16
品种权人：中国林业科学院林业研究所
培育人：韩一凡、胡建军、李淑梅、李玲、佟永昌、赵自成、苏雪辉、魏万生

品种特征特性：‘南杨’属于美洲黑杨南方型，以‘美洲黑杨50号’杨为母本，‘美洲黑杨36号’杨为父本，通过人工控制授粉所获得。通过家系林，品种比较林和区试林的比较实验选择而产生。该品种为雄性。短枝叶叶尖宽锐尖，叶基呈截形，长枝叶叶基截形，叶尖窄短渐尖；一年生苗干具三条棱线，紫红色，皮孔卵圆形；成年树皮开裂，裂痕较粗糙。该品种通过实验，桑天牛感虫率为17%，而‘I-69’杨感虫率为81%。在桑天牛危害地区，可作为工业用材林和城市绿化树种。

I-69杨

巨霸杨

长枝叶

桑巨杨

（杨属）

联系人：赵自成　地址：河南省焦作市人民路中段焦作林业科学研究所
电话：0391-3584341/3916562　国家：中国

申请日：2003-4-11
申请号：20030006
品种权号：20030005
授权日：2003-12-12
授权公告号：第0402号
授权公告日：2004-01-16
品种权人：焦作林科所、中国林业科学院林业研究所
培育人：赵自成、韩一凡、苏雪辉、魏万生、佟永昌、胡建军、李玲、李淑梅、崔明军

品种特征特性：'桑巨杨'是从植于新西兰的美洲黑杨优树上采下的天然杂交种，在北京播种、初选后，在河南焦作林业科学研究所进行同胞家系林选择，经品种比较林的比较而选育获得。该品种为雄株，短枝叶尖渐尖，叶基楔形；长枝叶尖渐尖，叶基截形。一年生苗干具7条棱线，青灰褐色；皮孔卵圆形，大而多。在桑天牛自然感虫率达45%的立地条件下，该品种桑天牛感虫率为9%。该品种速生，特别是中、后期速生性显著。该品种要求水肥条件良好的立地条件，在干旱地区种植应具备灌溉条件。

桑迪杨

（杨属）

联系人：赵自成　地址：河南省焦作市人民路中段焦作林业科学研究所
电话：0391-3584341/3916562/3939806　国家：中国

申请日：2003-4-11
申请号：20030007
品种权号：20030006
授权日：2003-12-12
授权公告号：第0402号
授权公告日：2004-01-16
品种权人：焦作林科所、 中国林业科学院林业研究所
培育人：赵自成、韩一凡、魏万生、苏雪辉、佟永昌、胡建军、李玲、李淑梅、崔明军

品种特征特性：‘桑迪杨’是从植于新西兰的美洲黑杨优树上采下的天然杂交种，在北京播种、初选后，在河南焦作林业科学研究所进行同胞家系林选择，经品种比较林的比较而选育获得。该品种为雌株，短枝叶叶尖渐尖，叶基楔形；长枝叶叶尖渐尖，叶基心形。一年生苗干具5条棱线，浅灰色；皮孔卵圆形，有少量皮孔呈线形。在桑天牛自然感虫率达45%的立地条件下，该品种桑天牛感虫率为4%。且桑天牛在该品种上不可完成生命周期。该品种速生，特别是早期速生性显著。该品种要求水肥条件良好的立地条件，特别对水的要求较高，在干旱地区种植应具备灌溉条件。

冀林741杨

（杨属）

联系人：郑均宝　地址：河北省保定市南市区灵雨寺街38号
电话：0312-2130940/010-62888786/0312-2091366　国家：中国

申请日： 2002-5-27
申请号： 20020007
品种权号： 20030007
授权日： 2003-12-24
授权公告号： 第0402号
授权公告日： 2004-01-16
品种权人： 河北农业大学、中国科学院微生物研究所
培育人： 郑均宝、田颖川、梁海永、高宝嘉、杨敏生、王进茂、杜克久

品种特征特性： ‘冀林741杨’是以‘741杨’为受体，通过农杆菌介导法转入Bt Cry1Ac和慈姑蛋白酶抑制剂（API）基因培育而来。该品种为一基本不飞絮的败育雌株，树干通直，树形美观。树皮颜色为绿色。苗木叶边缘有不规则锯齿或缺裂，波状起伏。该品种可抗美国白蛾、杨扇舟蛾、舞毒蛾、杨小舟蛾和古毒蛾等鳞翅目主要害虫，抗虫稳定性好，试虫幼虫的死亡率可达40%～100%。可作为防护林树种，工业用材林树种和园林绿化树种。

尼娃

（杨属）

联系人：张绮纹　地址：北京中国林科院
电话：010-62889654/010-62872015　国家：中国

申请日：2002－1－18
申请号：20020001
品种权号：20040001
授权日：2004－3－4
授权公告号：第0404号
授权公告日：2004－03－17
品种权人：张绮纹
培育人：意大利杨树研究所

品种特征特性：此品种是欧美杨无性系，1973年由意大利杨树研究所经人工控制授粉杂交选育出来的，其母本来自美国伊利诺伊州美洲黑杨，其父本来自意大利中部的欧洲黑杨。树体高大，树干通直，树冠窄，分枝角度小，侧枝与主干夹角小于45°，侧枝细；叶片小而密，满冠。树皮灰色，较粗，有浅纵裂。其特异性表现在：速生，在适宜生长地区胸径年生长量可达4～4.5cm，树高年生长量可达3～4cm，材积生长量比对照‘I－214杨’提高1倍以上；树干通直，冠窄，是我国优良窄冠黑杨派品种；造林和无性繁殖育苗成活率高，一般为95%以上；材质好，纤维长度1044.4um，木材密度0.322g/cm^2，适用于工业用材；抗病虫害和抗逆性较强。该品种主要适宜于我国华北地区，栽培种植区应为平原，土壤以沙土壤为最适宜，盐碱地不适。pH值应为7～8.5，对水肥条件有一定要求。

阳光

（板栗）

联系人：黄武刚　地址：北京市海淀区瑞王坟甲12号
电话：010-62591346/62598744　国家：中国

申请日：2003-2-9
申请号：20030002
品种权号：20040002
授权日：2004-12-20
授权公告号：第0413号
授权公告日：2004-12-20
品种权人：北京市农林科学院林业果树研究所
培育人：黄武刚

品种特征特性：该品种来自燕山栗产区的板栗植株的实生优选。其母株树型中等，树冠开张，分枝角度较大，呈半球形；该品种总苞圆形、苞皮中等、刺束中密；坚果椭圆形，果皮深褐色，光泽较暗，果面白色茸毛极多且覆盖大部分果实；果肉甜，含糖量 20%，糯性；平均果重 11.1g。栗仁在受热中可保持鲜黄或黄色。对照品种‘燕红’果面茸毛少且分布于果顶部，果皮深红棕色，富有光泽，含糖量 20.25%，平均果重 8.9g。对照品种‘燕丰’果面茸毛少且分布于果顶部，果皮黄褐色，具光泽，含糖量 25%，平均果重 6.6g。

米奇

（杨属）

联系人：张绮纹　地址：北京市海淀区东小府1号 中国林科院林研所
电话：010-62889654/010-62872015　国家：中国

申请日：2002-1-18
申请号：20020003
品种权号：20040003
授权日：2004-03-04
授权公告号：第0404号
授权公告日：2004-03-17
品种权人：张绮纹
培育人：意大利杨树研究所

品种特征特性：该品种是意大利杨树研究所利用人工控制授粉所获得的杂种无性系，其母本为采自美国伊利诺伊州的美洲黑杨，父本是为选自意大利 Carapelle 的银白杨的花粉。树干通直，树冠窄小，树皮深褐色，表现为母本美洲黑杨特征。有深细的纵裂。侧枝与主干角在45°左右，小于母本美洲黑杨。其特异性表现在：雄性无性系，除用于工业用材林外，也适用于城市绿化；树干通直，树冠窄小，树体优美；具速生性，胸径年生长量为3～3.5cm，树高年生长量为2.5～3cm，略低于‘尼娃’杨和‘库安托’杨，但明显超过对照品种‘I-214’杨；无性繁殖容易，育苗和造林成活率高达95%；抗病虫害较强。该品种适宜种植区为华北各省区。土壤以沙壤土为最好，pH值以7～8.5为宜。对水肥条件有一定要求。

埃瑞达诺

（杨属）

联系人：张绮纹　地址：北京市海淀区东小府1号 中国林科院林研所
电话：010-62889654/010-62872015　国家：中国

申请日：2002-1-18
申请号：20020004
品种权号：20040004
授权日：2004-03-04
授权公告号：第0404号
授权公告日：2004-03-17
品种权人：张绮纹
培育人：意大利杨树研究所

品种特征特性：该品种于1955年由意大利杨树研究所利用人工控制授粉所获杂种，其母本为美洲黑杨，父本为采自日本东京青杨派马氏杨花粉，杂种人工无性系。树干通直，树冠较窄，分枝角度较小，侧枝与主干夹角小于45°，树皮粗，有浅纵裂，叶形为长三角形，属于黑杨派与青杨派中间类型，叶茎平，叶柄短于欧美杨叶柄。大树树皮灰白色，有环状浅裂。树干基部呈方柱形。其特异性表现为：雄性无性系，树体优美，除用于工业用材林之外，也适用于城市绿化；速生性强，胸径和树高年生长量近似于‘尼娃’杨和‘库安托’杨，明显超过‘I-214’杨；育苗和造林成活率达95%以上；抗病性较强；树干基部呈方柱形。该品种适宜种植在华北各省区。土壤以沙土壤为最好，pH值以7～8.5为宜。对水肥条件有一定的要求。

双季米槐

（槐属）

联系人：刘永珩　地址：城港办事处淇水村
电话：0535-2418928/13305356758　国家：中国

申请日：2004-7-5
申请号：20040020
品种权号：20040005
授权日：2004-12-20
授权公告号：第0413号
授权公告日：2004-12-20
品种权人：莱州市永恒国槐研究所、莱州市林木种苗站
培育人：刘永珩、焦凤洲

品种特征特性：‘双季米槐’是槐树（*Sophora japonica* L.）的一个无性系。在莱州市国槐资源普查中发现的一株优树上采接穗，以一年生普通国槐实生苗为砧木进行嫁接繁殖获得的。‘双季米槐’较普通国槐叶面积大，生长快，发枝粗壮。在一年生普通国槐实生苗上嫁接‘双季米槐’，当年就抽穗，第二年可见槐米，第三年能形成产量。而普通国槐第三年仍未抽穗产米。‘双季米槐’一年抽二次穗结二次米，其产米量是普通国槐的二倍多。‘双季米槐’对气候、土壤条件要求不严。

东方杉

（落羽杉属）

联系人：沈烈英　地址：上海市沪太路1053弄7号
电话：02156617570/56944261　国家：中国

申请日：2003-9-16
申请号：20030031
品种权号：20040006
授权日：2004-7-20
授权公告号：第0410号
授权公告日：2004-09-13
品种权人：上海市林业总站、南京林业大学
培育人：叶培忠、叶增基、沈烈英、潘士华、朱建华、竺唯杰、钮慧娟

品种特征特性：‘东方杉’是以‘墨西哥落羽杉’为母本，柳杉为父本，经远缘杂交获得。该品种为半常绿的高大乔木；树冠通常为圆柱形或椭圆形；大多数树木在主干的5～8m处出现2～3个主分杈；叶条形，冬季与小枝一起脱落；树皮除条状纵裂外还有明显横裂；树干基部有板状根；雄球花为孢子叶球，未见雌球花。对照品种‘墨西哥落羽杉’为主干优势树种，树冠呈宽圆锥形。树干基部圆整，无板状根；树皮呈条状纵裂，无横裂；有雄球花和雌球花。该品种适宜疏松肥沃土壤。

山农凯新1号

（杏）

联系人：陈学森　地址：泰安市岱宗大街61号
电话：0538-8237336/8249338/8242364　国家：中国

申请日：2004-2-23
申请号：20040003
品种权号：20040007
授权日：2004-7-20
授权公告号：第0410号
授权公告日：2004-09-13
品种权人：山东农业大学
培育人：陈学森、束怀瑞、李宪利、高东升、张艳敏、沈向、陈晓流

品种特征特性：‘山农凯新1号’是以‘凯特’杏为母本，‘新世纪’杏为父本进行有性杂交及胚培养而获得的。该品种树冠开张，多年生枝紫褐色，当年生枝浅红色；皮孔白色，扁圆，节间长度1.8～3.2cm；叶片中等大，卵圆形，浓绿，长7.3～8.5cm，宽5.5～6.6cm，叶尖渐尖，叶基圆形，叶面光滑，叶背无茸毛，叶缘锐锯齿。‘山农凯新1号’自花结实率(25.9%)高于‘新世纪’杏的自花结实率；成熟期比其母本‘凯特’早7～10天。该品种不耐涝，不宜在土壤过于黏重的平原地区发展生产。

山农凯新2号

（杏）

联系人：陈学森　地址：泰安市岱宗大街61号
电话：0538-8237336/8249338/8242364　国家：中国

申请日：2004–2–23
申请号：20040002
品种权号：20040008
授权日：2004–7–20
授权公告号：第0410号
授权公告日：2004–09–13
品种权人：山东农业大学
培育人：陈学森、束怀瑞、李宪利、高东升、张艳敏、沈向、陈晓流

品种特征特性：‘山农凯新2号’是以‘巴旦水杏’为母本，‘凯特’杏为父本进行有性杂交及胚培养而获得的。该品种枝条较直立，多年生枝紫褐色，当年生枝黄绿色；皮孔白色，扁圆，节间长度1.8～3.2cm；叶片大，卵圆形，浓绿，长8.3～9.5cm，宽6.5～7.6cm，叶尖渐尖，叶基圆形，叶面光滑，叶背无茸毛，叶缘锐锯齿。‘山农凯新2号’自花结实率(13.8%)高于‘巴旦水杏’自花结实率(0～0.3%)；成熟期比其父本‘凯特’早3～5天。该品种不耐涝，不宜在土壤过于黏重的平原地区发展生产。

千红椿

（臭椿属）

联系人：任敦峰　地址：潍坊市西二环胶济铁路南
电话：0536-8889631　国家：中国

申请日：2003-1-2
申请号：20030001
品种权号：20040009
授权日：2004-7-20
授权公告号：第0410号
授权公告日：2004-09-13
品种权人：潍坊市符山林木良种繁育场
培育人：任敦峰

品种特征特性：‘千红椿’是在潍坊市对臭椿进行选种调查时发现的变异品种。该品种叶片从3月末萌芽到5月下旬呈鲜艳的紫红色，后渐变为暗绿色，枝梢生长部位的红叶可持续到8月下旬的封顶期；植株分枝角度小，树冠紧凑，成龄期呈扁圆形；花序上只有单性雄花；冬季无宿存翅果。该品种适宜排水良好的沙壤土和壤土。

金园

（丁香属）

联系人：孙宜　地址：北京市海淀区香山卧佛寺　电话：010-62593209
国家：中国

申请日：2003–6–23
申请号：20030015
品种权号：20040010
授权日：2004–9–6
授权公告号：第0411号
授权公告日：2004–09–13
品种权人：北京市植物园
培育人：崔纪如

品种特征特性：‘金园丁香’是从北京丁香实生苗中的一株黄色花突变品种经嫁接方式培育而获得的品种。该品种为落叶灌木或小乔木，3 ~ 4m，干皮灰黑色；单叶对生，叶全缘，卵状披针形，先端渐尖，基部楔形，宽 6 ~ 8cm，长 9 ~ 12cm；叶脉 5 ~ 7 对，两面光滑，叶背侧脉显著隆起；叶柄长 2 ~ 3.5cm；枝干有皮孔，小枝皮孔明显；花黄色，芳香，圆锥花序，长 15 ~ 20cm；花期 6 ~ 7 月。该品种花为黄色，其对照品种‘北京丁香’花为白色。该品种耐瘠薄，忌积水。

金连翘

（连翘属）

联系人：张闯令　地址：辽宁省大连市金州区斯大林路687号林水局
电话：13942610079/04117692529/57692378　国家：中国

申请日：2003-3-27
申请号：20030008
品种权号：20040011
授权日：2004-7-20
授权公告号：第0410号
授权公告日：2004-09-13
品种权人：张闯令、王凤英、张岳令
培育人：张闯令、王凤英、张岳令、张吉林

品种特征特性：‘金连翘’是由叶色变异连翘，经多次选育嫁接而培育出的黄色叶品种。该品种为灌木，小枝黄绿色，四棱形，髓薄片状；单叶，对生。该品种叶表黄色至金黄色，叶背淡黄色；花萼及幼果皮均为浅黄色。其对照品种‘朝鲜连翘’叶表深绿色，叶背浅绿色；花萼及幼果壳为绿色。‘金连翘’喜光，稍耐荫，忌水涝，忌重盐碱。

金石滩连翘

（连翘属）

联系人：张闯令　地址：辽宁省大连市金州区斯大林路687号林业水利局
电话：0411-7692378/7692529/7693540/13942610079　国家：中国

申请日：2003－12－25
申请号：20030049
品种权号：20040012
授权日：2004－7－20
授权公告号：第0410号
授权公告日：2004－09－13
品种权人：张闯令、张吉林
培育人：张闯令、张吉林、王凤英、况成秋、李绪选、金贵林、田树国、丁桂琴、王吉祥

品种特征特性：‘金石滩连翘’是对叶缘变异的‘朝鲜连翘’，经多次无性繁殖而培育出的叶缘为黄色或金黄色的品种。该品种为灌木，小枝黄绿色，近似棱形，髓薄片状；单叶，对生，椭圆状长圆形，徒长枝叶片有时二裂或三裂。叶片外缘1/3至1/2部分为黄色或金黄色，叶背对应部分淡黄色，叶片其余部分为浅绿色。花萼及幼果皮均有黄色条纹。对照品种‘朝鲜连翘’的叶表为深绿色，叶背浅绿色。花萼绿色，幼果皮绿色。‘金石滩连翘’喜光，忌水涝，忌重盐碱。

冰清

（蔷薇属）

联系人：杨玉勇　地址：云南省昆明市呈贡县马金铺乡红山村
电话：0871-7442163/7442393/13908867204　国家：中国

申请日：2003-7-11
申请号：20030016
品种权号：20040014
授权日：2004-9-6
授权公告号：第0411号
授权公告日：2004-09-13
品种权人：昆明杨月季园艺有限责任公司
培育人：杨玉勇

品种特征特性：‘冰山’是从荷兰OLIJ公司的月季品种‘Olijglu’的芽变植株选育获得的品种。该品种枝条直立；花形为高心卷边；叶片稍细长三角形，绿色，略有锯齿，叶脉清晰。花色为外花瓣绿白色，内花瓣香槟白色；其对照品种‘Olijglu’外花瓣为深粉色，内花瓣为淡粉色；该品种适于温室栽培。

新桉1号

（桉属）

联系人：谢耀坚　地址：广东省湛江市人民大道中30号
电话：0759-3380685/3380674　国家：中国

申请日：2003-7-21
申请号：20030018
品种权号：20040015
授权日：2004-12-20
授权公告号：第0413号
授权公告日：2004-12-20
品种权人：国家林业局桉树研究开发中心
培育人：杨民胜、谢耀坚、罗建中、陈少雄、张维耀、彭彦

品种特征特性：‘新桉1号’是从澳大利亚林木种子中心引进全分布区种源（家系种子），在广东湛江等地进行种源（家系）测定，经多次选育而获得。该品种为常绿大乔木，干形较通直，有明显的单一主干，树皮较光滑，叶缘波状，果实直径6～9.5mm；其对照品种‘尾叶桉’树皮粗糙，叶缘平展，果实直径0.6～0.8mm；对照品种‘新桉2号’树皮光滑，幼时呈灰绿色，叶缘波状，果实直径8.0～15mm。该品种要求夏雨型气候，年降雨量在1000mm以上，较耐瘠薄和季节性干旱，不耐寒，要求种植在冬季少霜或无霜冻地区。

新桉2号

（桉属）

联系人：谢耀坚　地址：广东省湛江市人民大道中30号
电话：0759-3380685/3380674　国家：中国

申请日：2003–7–21
申请号：20030019
品种权号：20040016
授权日：2004–12–20
授权公告号：第0413号
授权公告日：2004–12–20
品种权人：国家林业局桉树研究开发中心
培育人：杨民胜、 谢耀坚、罗建中、 陈少雄、张维耀、彭彦

品种特征特性：‘新桉2号’是从澳大利亚林木种子中心引进全分布区种源（家系种子），在广东湛江等地进行种源（家系）测定，经多次选育而获得。该品种为常绿大乔木，有明显的单一主干，树皮光滑，幼时呈灰绿色，叶缘波状，果实直径8.0～15mm。其对照品种‘尾叶桉’树皮粗糙，叶缘平展，果实直径0.6～0.8mm；对照品种‘新桉1号’树皮较光滑，叶缘波状，果实直径6～9.5mm。该品种要求夏雨型气候，年降雨量在1000mm以上，较耐瘠薄和干旱，不耐寒，要求种植在冬季少霜的地方。

可丽斯汀·马顿

（杜鹃花属）

联系人：泰琳克　地址：比利时王国，洛克里斯底市车站街111号
电话：32-935-35353/32-935-35366　国家：比利时

申请日：2001-8-29
申请号：20010005
品种权号：20050001
授权日：2005-05-16
授权公告号：第0505号
授权公告日：2005-05-16
品种权人：比利时园艺育种有限公司
培育人：约翰·范得海根

品种特征特性：该品种于1989年在比利时的育种基地，按照计划中的育种目标开始选育。通过控制授粉杂交育成，母本为0020，花为杂色，长势偏弱，叶无光泽；父本来自一不知名的杜鹃品种。该品种株形半圆，株形直立，生长繁茂；分枝习性中等，侧分枝数10，侧枝年生长量8～15cm，侧枝径粗3mm；节间长度1～2cm；叶2列对生，叶形椭圆，叶尖钝圆，叶基锐尖，叶长2～5.5cm，叶宽1.5～3.0cm，叶革质，全缘，无叶毛，羽状脉序，叶色暗绿、有光泽；重瓣花，鲑红色；连续开花习性，每枝花数2～3，每株花数70～90朵，无香味，花茎6～10cm，花瓣丝绢质，光滑；内层花瓣强烈反卷，波状，外瓣数5～7，花瓣形状卵圆形，全缘波形；无雄蕊，雌蕊1，溶合，柱头卵形，子房茸毛多，灰绿色，花朵丰满；抗病虫能力极强。申请品种‘可丽斯汀·马顿’株高20cm，叶色暗绿、有光泽，花色鲑红色；对照品种‘特罗夫特’株高30cm，叶色绿、无光泽，花色桃红色。该品种适宜一般温室条件下的栽培生产，若在室外生长，需白天温度18℃、夜间温度8℃的条件。

菲丝蕾蒙(FISLEMON)

（大戟属）

联系人：宋晓辉　地址：北京菲舍德亚花卉种苗有限公司 中国北京霄云路28号华园大厦2606室
电话：86-10-64627538/86-10-64627598　国家：德国

申请日：2003-5-6
申请号：20030012
品种权号：20050002
授权日：2005-5-16
授权公告号：第0505号
授权公告日：2005-05-16
品种权人：弗劳拉诺娃普夫兰森股份有限公司
培育人：凯撒瑞纳·赞尔

品种特征特性：‘菲丝蕾蒙’（FISLEMON）的母本是编号为“No.90-602-1”的杂种实生苗，父本是编号为“No.90-502-1”的杂种实生苗。该品种植株有分枝、叶片上部颜色为绿色，苞片上部RHS颜色为黄绿色。该品种植株高度为25.4cm；植株冠幅52.5cm；叶片宽度8.25cm；上部苞片RHS颜色为淡黄（4C）；下部苞片RHS颜色为淡黄绿色（154D）；苞片长度为14.0cm；苞片宽度为14.0cm；其对照品种‘自由白’（FREEDOM WHITE）植株高度为30.6cm；株冠幅为49.5cm；叶片宽度为9.5cm；上部苞片RHS颜色为乳白（8D）；下部苞片RHS颜色为淡乳黄（11C）；苞片长度为17.9cm；苞片宽度为11.0cm。该品种喜温湿、光照和肥沃通气的中至微酸性沙壤土，生长适温为18～27℃，冬季温室温度不能低于15℃。

菲丝梦德

（大戟属）

联系人：宋晓辉　地址：北京菲舍德亚花卉种苗有限公司 中国北京霄云路28号华园大厦2606室
电话：86-10-64627538/86-10-64627598　国家：德国

申请日：2003—7—29
申请号：20030020
品种权号：20050003
授权日：2005—5—16
授权公告号：第0505号
授权公告日：2005—05—16
品种权人：弗劳拉诺娃普夫兰森股份有限公司
培育人：凯撒瑞纳 · 赞尔

品种特征特性：‘菲丝梦德’（FISMOND）是采用母本编号为No．S1202—1的杂种实生苗，父本为‘菲丝珂’（FISCOR），进行杂交试验获得的。该品种苞片深红色，色调稳定，不易褪色，苞片卵形，裂片浅，表面光滑，排列紧密；叶片为均一的暗绿色，卵形，叶柄暗红色；冠型中等，比较紧凑圆满，枝条直立；始花晚。‘菲丝梦德’（FISMOND）与对照品种‘菲丝珂’（FISCOR）相比，“菲丝梦德”的株高比“菲丝珂”矮，叶片较短，苞片较小，成熟较晚；‘菲丝梦德’苞片着色时间晚，而“菲丝珂”苞片着色时间居中。该品种喜温湿、光照和肥沃通气的中至微酸性沙壤土，生长适温为18～27℃，冬季温室温度不能低于15℃。

菲丝尔妃(FISELFI)

（大戟属）

联系人：宋晓辉　地址：北京菲舍德亚花卉种苗有限公司 中国北京霄云路28号华园大厦2606室
电话：86-10-64627538/86-10-64627598　国家：德国

申请日：2003-7-29
申请号：20030023
品种权号：20050004
授权日：2005-5-16
授权公告号：第0505号
授权公告日：2005-05-06
品种权人：弗劳拉诺娃普夫兰森股份有限公司
培育人：凯撒瑞纳·赞尔

品种特征特性：‘菲丝尔妃’（FISELFI）是采用苞片橙红，叶中绿，生长旺盛的编号为“No.90-1204-1”的母本与具有红花和暗绿叶的未知父本杂交获得的。该品种植株较矮，叶片较小，基部为楔形，叶片裂片发育中等；苞片裂片发育程度中或强，无苞片折叠；杯状聚伞花序的数量较多。该品种上部苞片RHS颜色为红色（45B）；苞片无叶裂或很浅（5～7），苞片有折叠；聚伞花序平均宽度中；其对照品种‘菲丝米勒’（FISMILLE）上部苞片RHS颜色为红色（45A）；苞片叶裂深，苞片无折叠；聚伞花序平均宽度窄。该品种喜温湿、光照和肥沃通气的中至微酸性沙壤土，生长适温为18～27℃，冬季温室温度不能低于15℃。

凯姆-红葡萄

（大戟属）

联系人：宋晓辉　地址：北京菲舍德亚花卉种苗有限公司 中国北京霄云路28号华园大厦2606室
电话：86-10-64627538/86-10-64627598　国家：德国

申请日：2003–7–29
申请号：20030026
品种权号：20050005
授权日：2005–5–16
授权公告号：第0505号
授权公告日：2005–05–06
品种权人：弗劳拉诺娃普夫兰森股份有限公司
培育人：凯撒瑞纳·赞尔

品种特征特性：‘凯姆－红葡萄’（KAMP BURGUNDY）为‘菲丝珂’（FISCOR）的天然突变体，通过扦插获得。该品种为双倍体，茎部花青素染色程度中至深；叶阔卵形，叶基圆形至楔形，无花青素染色，叶裂片发育浅至中，叶缘无刻痕；苞片数量少至中，暗紫红色；杯状聚伞花序的腺体为黄色至橙色。‘凯姆－红葡萄’（KAMP BURGUNDY）与对照品种‘深红菲丝珂’（FISCOR DARK RED）相比，‘凯姆－红葡萄’植株较大，苞片较小，颜色为暗紫红色，而‘深红菲丝珂’为暗红色。该品种喜温湿、光照和肥沃通气的中至微酸性沙壤土，生长适温为18～27℃，冬季温室温度不能低于15℃。

西特洛伊(SCHRETROJE)

(蔷薇属)

联系人：袁向阳　地址：北京兰中农商技术开发中心 中国北京市海淀区清河四街南口一号
电话：010-62936317　国家：荷兰

申请日：2003-8-26
申请号：20030027
品种权号：20050006
授权日：2005-5-16
授权公告号：第0505号
授权公告日：2005-05-06
品种权人：皮特·西吕厄斯控股公司
培育人：皮特鲁斯·尼古拉斯·约翰内斯·西吕厄斯

品种特征特性：该品种由未命名的杂种实生苗杂交获得。该品种为窄灌木型，植株高度较矮，茎部有很多刺，嫩枝褐色至棕红色；叶片绿色略浅，形状宽大；花重瓣，有27～32片花瓣，花黄色，具淡香味，花苞卵圆形。与对照品种‘小桑尼’相比，侧枝刺更多，叶片更大更多，花更大，花瓣更多。该品种适于温室栽培。

西莱纳特(SCHRENAT)

（蔷薇属）

联系人：袁向阳　地址：北京兰中农商技术开发中心 中国北京市海淀区清河四街南口一号
电话：010-62936317　国家：荷兰

申请日：2003-8-26
申请号：20030028
品种权号：20050007
授权日：2005-5-16
授权公告号：第0505号
授权公告日：2005-05-06
品种权人：皮特·西吕厄斯控股公司
培育人：皮特鲁斯·尼古拉斯·约翰内斯·西吕厄斯

品种特征特性：该品种由未命名的杂种实生苗杂交获得。该品种为窄灌木型，植株高度较矮，茎部无刺或少刺，嫩枝棕红色；叶片绿色略浅，形状短窄；花重瓣，橙粉色，具淡香味，花苞卵圆形。与对照品种‘小桑尼’相比，植株较矮，枝上无刺或少刺，花色较浅，花瓣更多，更易开花。该品种适于温室栽培。

谢达卡普(SCHETAKUP)

(蔷薇属)

联系人：袁向阳　地址：北京兰中农商技术开发中心 中国北京市海淀区清河四街南口一号
电话：010-62936317　国家：荷兰

申请日：2003-8-26
申请号：20030029
品种权号：20050008
授权日：2005-5-16
授权公告号：第0505号
授权公告日：2005-05-06
品种权人：皮特·西吕厄斯控股公司
培育人：皮特鲁斯·尼古拉斯·约翰内斯·西吕厄斯

品种特征特性：该品种由未命名的杂种实生苗杂交获得。该品种为窄灌木型，植株高度较矮，茎部多刺，嫩枝褐色至棕红色；叶片深绿色；花半重瓣，为粉色，具淡香味，花苞卵圆形，有26～35片花瓣。与对照品种‘小桑尼’相比，侧枝刺更多，叶片小，花径小，花瓣更多。该品种适于温室栽培。

硕米乌普(SCHROMIUP)

（蔷薇属）

联系人：袁向阳　地址：北京兰中农商技术开发中心 中国北京市海淀区清河四街南口一号
电话：010-62936317　国家：荷兰

申请日：2003–8–26
申请号：20030030
品种权号：20050009
授权日：2005–5–16
授权公告号：第0505号
授权公告日：2005–05–06
品种权人：皮特·西吕厄斯控股公司
培育人：皮特鲁斯·尼古拉斯·约翰内斯·西吕厄斯

品种特征特性：该品种由未命名的杂种实生苗杂交获得。该品种为中型切花品种，窄灌木型，茎直立，皮刺多，嫩枝褐色；叶绿色，具光泽；花半重瓣，为红色，有29～31片花瓣；与对照品种‘西莱玛’相比，茎部较长且多刺，花期长，花瓣基部具斑点。该品种适于温室栽培。

斯科苔(Scholtec)

（蔷薇属）

联系人：皮特鲁斯·尼古拉斯·约翰内斯·西吕厄斯　地址：荷兰，德刻威克市，霍夫威格81号
电话：+31（0）297 383444/342700　国家：荷兰

申请日：2003-10-9
申请号：20030032
品种权号：20050010
授权日：2005-5-16
授权公告号：第0505号
授权公告日：2005-05-06
品种权人：皮特·西吕厄斯控股公司
培育人：皮特鲁斯·尼古拉斯·约翰内斯·西吕厄斯

品种特征特性：该品种由未命名的实生苗杂交获得。该品种直立生长，枝条长度为70～90cm，少刺；花为大花型，花色为紫红色，有38～44个花瓣；花朵开放缓慢。与对照品种'Schrenat'相比，'斯科苔'植株更高大厚实，'斯科苔'花色为紫红色，'Schrenat'花色为粉红色。该品种适于温室及露地栽培。

西露丝(Schirus)

（蔷薇属）

联系人：皮特鲁斯·尼古拉斯·约翰内斯·西吕厄斯　地址：荷兰，德刻威克市，霍夫威格81号
电话：+31（0）297 383444/342700　国家：荷兰

申请日：2003–10–9
申请号：20030033
品种权号：20050011
授权日：2005–5–16
授权公告号：第0505号
授权公告日：2005–05–06
品种权人：皮特·西吕厄斯控股公司
培育人：皮特鲁斯·尼古拉斯·约翰内斯·西吕厄斯

品种特征特性：该品种由未命名的实生苗杂交获得。该品种直立生长，枝条长度为70～100cm，刺的数量中等；花为大花型，花色为白色，略带黄色，有50～55个花瓣，花形从上方看为不规则的圆形，花朵开放正常。与对照品种‘Schreblank’相比，‘西露丝’花枝较长，‘西露丝’的花瓣数量比‘Schreblank’多。‘西露丝’花形从上方看为不规则的圆形，‘Schreblank’花形从上方看为星形。该品种适于温室及露地栽培。

文大克

（大戟属）

联系人：刘邦贤　地址：广州大汉园景发展有限公司 广州市芳村区东漖镇海中村
电话：（020）81621880-106/（020）81620790　国家：美国

申请日：2003－10－30
申请号：20030034
品种权号：20050012
授权日：2005－11－28
授权公告号：第0509号
授权公告日：2005－11－28
品种权人：保罗艾克公司
培育人：弗郎茨·弗吕沃茨

品种特征特性：一品红（*Euphorbia pulcherrima* Willd. ex Klotzsch）品种‘文大克’（WINDARK）是‘P－60’的天然突变体。该品种暗红色、反卷苞片，暗绿色反折叶片，植株具有自然分枝能力，与其他具有反折苞片和叶片的品系相比，该品种的茎比较强壮，成品植株的寿命较长。与对照品种‘P－60’相比，‘文大克’（WINDARK）比‘P－60’植株紧凑；初生花苞片比‘P－60’小；自然分枝能力比‘P－60’强。适合于温室栽培。

自由亮红(BRIGHT RED FREEDOM)

（大戟属）

联系人：刘邦贤　地址：广州大汉园景发展有限公司 广州市芳村区东漖镇海中村
电话：（020）81621880-106/（020）81620790　国家：美国

申请日：2003—10—30
申请号：20030035
品种权号：20050013
授权日：2005—11—28
授权公告号：第0509号
授权公告日：2005—11—28
品种权人：保罗艾克公司
培育人：弗郎茨 · 弗吕沃茨

品种特征特性：一品红（*Euphorbia pulcherrima* Willd. ex Klotzsch)品种‘自由亮红’(BRIGHT RED FREEDOM)是‘自由红’（FREEDOM RED）的天然突变体。该品种开花早，亮红色苞片，暗绿色叶子，自然分枝能力强，叶片上部为绿色。与对照品种‘自由红’相比，‘自由亮红’苞片上表面为亮红色（45A—B），‘自由红’为红色（46A—B）；‘自由亮红’苞片下表面为粉红色（47B），‘自由红’为深红色（53B—C）。适合于温室栽培。

艾克丽(ECKALIX)

（大戟属）

联系人：刘邦贤　地址：广州大汉园景发展有限公司 广州市芳村区东漖镇海中村
电话：（020）81621880-106/（020）81620790　国家：美国

申请日：2003－10－30
申请号：20030036
品种权号：20050014
授权日：2005－11－28
授权公告号：第0509号
授权公告日：2005－11－28
品种权人：保罗艾克公司
培育人：弗郎茨 · 弗吕沃茨

品种特征特性：一品红（*Euphorbia pulcherrima* Willd. ex Klotzsch）品种‘艾克丽’（ECKALIX）是杂交品种，母本为一品红603号品种（见美国植物专利号9,952），父本为一品红品种‘F－14’。该品种植株有自然分枝能力，大花，具有亮红色花苞片；暗绿色叶子，红葡萄色叶柄；植株紧凑、均匀、直立；开花早。与对照品种‘倍丽’（Pepride）相比，‘艾克丽’（ECKALIX）品种比‘倍丽’（Pepride）直立且较高；‘艾克丽’（ECKALIX）的叶子比‘倍丽’（Pepride）大。另外，该品种的叶子多数为卵形，偶有裂片，而‘倍丽’（Pepride）则裂片明显；‘艾克丽’（ECKALIX）品种花和花苞片大于‘倍丽’（Pepride）。另外，该品种的花苞片多数为卵形，偶有裂片，而‘倍丽’（Pepride）则裂片明显；‘艾克丽’（ECKALIX）品种的杯状聚伞花序簇比‘倍丽’（Pepride）大。适合于温室栽培。

艾克芬(ECKALVEEN)

（大戟属）

联系人：刘邦贤　地址：广州大汉园景发展有限公司 广州市芳村区东滘镇海中村
电话：（020）81621880-106/（020）81620790　国家：美国

申请日：2003—10—30
申请号：20030038
品种权号：20050015
授权日：2005—11—28
授权公告号：第0509号
授权公告日：2005—11—28
品种权人：保罗艾克公司
培育人：小林·鲁思

品种特征特性：一品红（*Euphorbia pulcherrima* Willd. ex Klotzsch）品种‘艾克芬’(ECKALVEEN)是‘艾克大’（ECKADA）的突变体。该品种植株呈均匀小山状，具有亮红色大苞片，暗绿色叶子，红色叶柄，开花时间早。与对照品种‘艾克大’相比：‘艾克芬’的分枝能力不如‘艾克大’，‘艾克芬’的叶子比‘艾克大’大，‘艾克芬’的苞片大于‘艾克大’，‘艾克芬’开花时间比“艾克大”早约一周。适合于温室栽培。

艾克奇(ECKAKEEM)

（大戟属）

联系人：刘邦贤　地址：广州大汉园景发展有限公司 广州市芳村区东漖镇海中村
电话：（020）81621880-106/（020）81620790　国家：美国

申请日：2003－11－4
申请号：20030039
品种权号：20050016
授权日：2005－11－28
授权公告号：第0509号
授权公告日：2005－11－28
品种权人：保罗艾克公司
培育人：弗郎茨·弗吕沃茨

品种特征特性：一品红（*Euphorbia pulcherrima* Willd. ex Klotzsch）品种‘艾克奇’（ECKAKEEM）新品种为杂交品种，母本为一品红‘Gutbier Marlene’（见美国植物专利号8,735），父本为一品红品种‘792’。该品种花大，暗红色花苞片；暗绿色叶子；植物体匀称，呈小山状；开花早；寿命较长。与对照品种‘18－1’相比，‘艾克奇’（ECKAKEEM）的叶片长度为中（5），‘18－1’的叶片长度为长（7）；‘艾克奇’（ECKAKEEM）的叶片宽度为窄，‘18－1’的叶片宽度为中至宽；‘艾克奇’（ECKAKEEM）的苞片上部RHS颜色为红色（46B/C），‘18－1’的苞片上部RHS颜色为红色（46A－B）；‘艾克奇’（ECKAKEEM）的苞片下部RHS颜色为暗粉红（51A），‘18－1’的苞片下部RHS颜色为暗粉红53C/D。适合于温室栽培。

杜斯宝特(DUESPOTWO)

（大戟属）

联系人：玛格·都门　地址：德国北威州莱茵贝格市Dammweg 18-20
电话：+49-2843-92990/+49-2843-3171　国家：德国

申请日：2003-12-23
申请号：20030042
品种权号：20050017
授权日：2005-5-16
授权公告号：第0505号
授权公告日：2005-05-16
品种权人：玛格·都门
培育人：玛格·都门

品种特征特性：一品红（*Euphorbia pulcherrima* Willd. ex Klotzsch）品种‘杜斯宝特’（DUESPOTWO）是母本为E-09-02，父本为未知单株的杂交后代。该品种的特异性表现是叶柄很长，具有暗粉红色苞片；叶片上部颜色为绿色，植株有分枝；开花中至晚。与对照品种‘自由’（FREEDOM）相比：‘杜斯宝特’的叶柄比‘自由’长，苞片有折叠，而‘自由’苞片无折叠； 开花时间比‘自由’晚。适合于温室栽培。

杜丽柏瑞(DUELEBRI)

（大戟属）

联系人：玛格·都门　地址：德国北威州莱茵贝格市Dammweg 18-20
电话：+49-2843-92990/+49-2843-3171　国家：德国

申请日：2003–12–23
申请号：20030043
品种权号：20050018
授权日：2005–5–16
授权公告号：第0505号
授权公告日：2005–05–16
品种权人：玛格·都门
培育人：玛格·都门

品种特征特性：一品红（*Euphorbia pulcherrima* Willd. ex Klotzsch）品种‘杜丽柏瑞’（DUELEBRI）是母本为EUP 115，父本为F–03–15的杂交后代。该品种的特异性表现是茎颜色深度深至很深，最大苞片宽度中等，头三个花序开花的时间晚至很晚。与对照品种‘菲丝珂–火焰’（FISCOR FIRE）相比：‘杜丽柏瑞’的茎颜色深度深至很深，最大苞片宽度中等，而‘菲丝珂–火焰’茎颜色深度中等，最大苞片宽度宽。适合于温室栽培。

杜普丽(DUEPRE)

（大戟属）

联系人：玛格·都门　地址：德国北威州莱茵贝格市Dammweg 18-20
电话：+49-2843-92990/+49-2843-3171　国家：德国

申请日：2003－12－23
申请号：20030044
品种权号：20050019
授权日：2005－5－16
授权公告号：第0505号
授权公告日：2005－05－16
品种权人：玛格·都门
培育人：玛格·都门

品种特征特性：一品红（*Euphorbia pulcherrima* Willd. ex Klotzsch）品种‘杜普丽’(DUEPRE）是母本为94－513－6，父本为E－20－01的杂交后代。该品种的特异性表现是上部苞片颜色为红色；叶柄长度、最大苞片长度为短至中。与对照品种‘自由’(FREEDOM）相比：‘杜普丽’的叶柄长度短至中；最大苞片长度短至中，而‘自由’的叶柄长度中至长；最大苞片长度为中至长。适合于温室栽培。

杜玛丽(DUEMAL)

（大戟属）

联系人：玛格·都门　地址：德国北威州莱茵贝格市Dammweg 18-20
电话：+49-2843-92990/+49-2843-3171　国家：德国

申请日：2003－12－23
申请号：20030045
品种权号：20050020
授权日：2005－5－16
授权公告号：第0505号
授权公告日：2005－05－16
品种权人：玛格 · 都门
培育人：玛格 · 都门

品种特征特性：一品红（*Euphorbia pulcherrima* Willd. ex Klotzsch）品种‘杜玛丽’(DUEMAL）是母本为EUP101，父本为F－03－15的杂交后代。该品种的特异性表现是幼龄苞片的颜色比成熟苞片的颜色暗。与对照品种‘菲丝珂’（FISCOR）相比：‘杜玛丽’的上部苞片颜色为红色（45A），‘菲丝珂’为红色（45A/46B）；‘杜玛丽’下部苞片颜色为红色（45B/C），‘菲丝珂’为红色（46B）；‘杜玛丽’幼龄苞片的颜色比成熟苞片的颜色暗，‘菲丝珂’幼龄苞片的颜色比成熟苞片的颜色相同。适合于温室栽培。

杜梅珂(DUEIMCO)

（大戟属）

联系人：玛格·都门　地址：德国北威州莱茵贝格市Dammweg 18-20
电话：+49-2843-92990/+49-2843-3171　国家：德国

申请日：2003–12–23
申请号：20030046
品种权号：20050021
授权日：2005–5–16
授权公告号：第0505号
授权公告日：2005–05–16
品种权人：玛格·都门
培育人：玛格·都门

品种特征特性：一品红（*Euphorbia pulcherrima* Willd. ex Klotzsch）品种‘杜梅珂’(DUEIMCO）是母本为E102，父本为EE94的杂交后代。该品种的特异性表现是苞片上部颜色为暗紫红色，最大苞片宽度窄至中，开花的时间早至很早。与对照品种‘菲丝珂’(FISCOR）相比：‘杜梅珂’的最大苞片宽度窄至中，‘菲丝珂’最大苞片宽度中至宽；‘杜梅珂’头三朵杯状聚伞花序的开放时间早至很早，‘菲丝珂’头三朵杯状聚伞花序的开放时间晚。适合于温室栽培。

杜洛雅(DUEROYAL)

（大戟属）

联系人：玛格·都门　地址：德国北威州莱茵贝格市Dammweg 18-20
电话：+49-2843-92990/+49-2843-3171　国家：德国

申请日：2003-12-23
申请号：20030047
品种权号：20050022
授权日：2005-5-16
授权公告号：第0505号
授权公告日：2005-05-16
品种权人：玛格·都门
培育人：玛格·都门

品种特征特性：一品红（*Euphorbia pulcherrima* Willd. ex Klotzsch）品种‘杜洛雅’（DUEROYAL）是母本94-513-8×父本95-867-1的杂交后代；该品种的特异性表现是叶柄长度短，茎颜色深度中等，苞片上部颜色为红/暗粉红。与对照品种‘富贵红’（DUEDELUXE）相比：‘杜洛雅’的茎颜色没有‘富贵红’深；‘杜洛雅’叶柄长度短，而‘富贵红’叶柄长度中等。适合于温室栽培。

米雅

（蔷薇属）

联系人：程怀章　地址：云南省通海县四街镇许家嘴
电话：0877-3072288/3073566　国家：中国

申请日：2005－1－5
申请号：20050001
品种权号：20050023
授权日：2005－11－28
授权公告号：第0509号
授权公告日：2005－11－28
品种权人：通海丽都花卉有限公司
培育人：朱应雄、罗春炉、禄金梅、储华仙

品种特征特性：‘米雅’是以‘法国红’产生芽变品种经优选，反复嫁接和扦插后获得。‘米雅’花瓣颜色鲜红略偏橘红，高心杯状，半剑瓣，花瓣数 50 ～ 60 片，花苞直径 2 ～ 3cm，开放后 12 ～ 13cm，属大花形品种；冬性好，耐低温，外瓣不黑化，瓶插过程不变色；基枝发生率强，茎干直立性强，枝干长度 60 ～ 70cm，叶面光泽度好。与近似品种‘法国红’相比，‘法国红’为花瓣颜色深红色，外瓣会黑化；‘米雅’花瓣颜色为鲜红略偏橘红色，外瓣不黑化。‘米雅’适宜在温带和亚热带地区种植，也适合温室栽培。

艾丽

（蔷薇属）

联系人：高晓艳　地址：北京市朝阳区六里屯北里18号楼2103室
电话：010-85952368　国家：中国

申请日：2005-1-5
申请号：20050002
品种权号：20050024
授权日：2005-11-28
授权公告号：第0509号
授权公告日：2005-11-28
品种权人：通海丽都花卉有限公司
培育人：朱应雄、罗春炉、禄金梅、沐婵、储华仙

品种特征特性：‘艾丽’是以‘帕里欧’产生芽变品种经优选，反复嫁接和扦插后获得。‘艾丽’花色鲜艳，花形硕大，高心杯状，剑瓣，有香味，颜色为橙红色，外瓣不会黑化。切枝长60～70cm，叶片光泽度好，基枝发生率强，茎干直立性强。与近似品种‘帕里欧’相比，‘帕里欧’花色为杏黄色，‘艾丽’花色为橙红色。‘艾丽’适宜在温带和亚热带的广大地区栽培，也适合温室栽培。

雅苏娜

（蔷薇属）

联系人：程怀章　地址：云南省通海县四街镇许家嘴
电话：0877-3072288/3073566　国家：中国

申请日：2005-1-5
申请号：20050003
品种权号：20050025
授权日：2005-11-28
授权公告号：第0509号
授权公告日：2005-11-28
品种权人：通海丽都花卉有限公司
培育人：朱应雄、罗春炉、禄金梅、沐婵、储华仙

品种特征特性：‘雅苏娜’是以‘黑魔术’芽变品种经优选，反复嫁接和扦插后获得。‘雅苏娜’花色为深桃红色，高心、杯状、剑瓣，花苞未开时直径为3～4cm，开放后10～13cm，花瓣数30～40片，属大花形品种。枝长70～90cm，叶有光泽。与近似品种‘黑魔术’相比，‘雅苏娜’花色为深桃红色，‘黑魔术’花色为黑红色。‘雅苏娜’适宜北半球的温带和亚热带的广大地区栽培，也适合温室栽培。

云熙

(蔷薇属)

联系人：程怀章　地址：云南省通海县四街镇许家嘴
电话：0877-3072288/3073566　国家：中国

申请日：2005-1-5
申请号：20050004
品种权号：20050026
授权日：2005-11-28
授权公告号：第0509号
授权公告日：2005-11-28
品种权人：通海丽都花卉有限公司
培育人：朱应雄、罗春炉、禄金梅、沐婵、储华仙

品种特征特性：'云熙'是以'维西丽亚'芽变品种经优选，反复嫁接和扦插后获得。'云熙'花色为水红偏桃红色，花瓣数为45～55片，花苞开放时直径有10～12cm，花色十分鲜艳；枝条长60～80cm，叶有光泽。与近似品种'维西丽亚'相比，'云熙'花色为水红偏桃红色，近似品种'维西丽亚'花色为杏粉色。'云熙'适宜北半球的温带和亚热带的广大地区栽培，也适合温室栽培。

雅美

(蔷薇属)

联系人：程怀章　地址：云南省通海县四街镇许家嘴
电话：0877-3072288/3073566　国家：中国

申请日：2005–1–5
申请号：20050005
品种权号：20050027
授权日：2005–11–28
授权公告号：第0509号
授权公告日：2005–11–28
品种权人：通海丽都花卉有限公司
培育人：朱应雄、罗春炉、禄金梅、沐婵、储华仙

品种特征特性：‘雅美’是以‘俏女郎’芽变品种经优选，反复嫁接和扦插后获得。‘雅美’花色鲜红偏水红色，花苞开放直径10～12cm，花瓣数50～60个，属大花形品种，花形为高心杯状，剑瓣，具有较好的观赏性；枝条长60～70cm，枝干直立性强，基枝发生率强，侧枝生长强壮，叶有光泽。与近似品种‘俏女郎’相比，‘雅美’花色为鲜红偏水红色，‘俏女郎’花色为乳白色。‘雅美’适宜北半球的温带和亚热带绝大多数地区栽培，也适合温室栽培。

金冠白蜡

（白蜡树属）

联系人：王胜连　地址：河南省鄢陵县大马乡政府院
电话：13603747399/0374-7602678　国家：中国

申请日：2005-01-12
申请号：20050010
品种权号：20050028
授权日：2005-11-28
授权公告号：第0509号
授权公告日：2005-11-28
品种权人：鄢陵县大马奇新珍苗木繁育场
培育人：王胜连

品种特征特性：'金冠白蜡'是通过实生选种，将发现的变异植株经过嫁接方式获得的。该品种为落叶乔木，树皮淡黄褐色；小枝光滑无毛；叶色春夏秋三季为金黄色，小叶5～9枚，卵状椭圆形，先端渐尖，基部狭，不对称，缘有齿及波状齿，表面无毛；花萼钟状；花期3～5月。对照品种白蜡树叶色为绿色。已在鄢陵、长葛、陶城等地种植，生长良好。喜光，稍耐荫；对土壤要求不严，耐盐碱性能力强。

甘露槐

（刺槐属）

联系人：王华芳　地址：北京市清华东路35号　电话：010-62338249
国家：中国

申请日：2003－11－25
申请号：20030041
品种权号：20050029
授权日：2005－11－28
授权公告号：第0509号
授权公告日：2005－11－28
品种权人：北京林业大学、中国科学院遗传与发育生物学研究所
培育人：王华芳、尹伟伦、陈受宜、张劲松、李敏

品种特征特性：‘甘露槐’是采用农杆菌浸染法将1－磷酸甘露醇脱氢酶（mtl－D）／干旱诱导束缚蛋白（DREB）基因转化‘香花槐’获得的转基因耐旱新品种。该品种为落叶小乔木，株高10～12m，树干灰褐至褐色；叶互生，羽状复叶17～19片，椭圆至卵圆形，深绿色有光泽，长3～6cm，粗蛋白含量27%；花败育无荚果故无种子。‘甘露槐’耐旱性为北京褐土含水量6%，比对照品种‘香花槐’提高20%以上。‘甘露槐’为阳性树种，喜光，耐旱。

云茶1号

（山茶属）

联系人：高晓艳　地址：云南省西双版纳州勐海县
电话：010-85952368　国家：中国

申请日：2004-11-30
申请号：20040031
品种权号：20050030
授权日：2005-11-28
授权公告号：第0509号
授权公告日：2005-11-28
品种权人：云南省农业科学院茶叶研究所
培育人：张俊、田易萍、徐丕忠、张惠

品种特征特性：‘云茶1号’是从1993年开始采用单株选种法从云南元江细叶糯茶群体中选择优株经连续多代培育而成。‘云茶1号’植株高大，主干明显，树势半开张，分枝密；叶片上斜状着生，叶椭圆形，叶色深绿、有光泽，叶身稍内折，叶面隆起，叶缘微波，叶尖渐尖，叶齿细密，叶质硬脆，叶肉较厚；芽叶黄绿色，茸毛特多；适制名优绿茶，外形肥壮挺直、深绿色润，香气栗香，滋味醇爽，叶底绿亮。‘云茶1号’与近似品种‘云抗10号’相比，品种的特异性表现在于：‘云抗10号’植株树势开张，而‘云茶1号’树势半开张；‘云抗10号’叶色黄绿，‘云茶1号’叶色深绿、有光泽。‘云茶1号’适宜海拔1000～2000m，年平均温度15℃，绝对最低温度在-5℃以上的适种云南大叶种的地区种植。喜欢温暖、湿润的气候和肥沃的土壤，适宜生长的土壤pH值在4.5～5.5之间。

紫娟

（山茶属）

联系人：高晓艳　地址：云南省西双版纳州勐海县
电话：010-85952368　国家：中国

申请日：2004－11－30
申请号：20040030
品种权号：20050031
授权日：2005－11－28
授权公告号：第0509号
授权公告日：2005－11－28
品种权人：云南省农业科学院茶叶研究所
培育人：包云秀、王朝纪、杨兴荣、黄梅

品种特征特性：‘紫娟’是于1985年在云南大叶群体品种中发现一植株，其嫩梢的芽、叶、茎均为紫色，绿茶干茶色泽紫黑色、汤色紫色，从1986年开始利用其作为基础材料采用单株选种法经多代培育而成。‘紫娟’植株较高大，小乔木型，大叶类，中芽种。树姿半开展，分枝部位较高，分枝密度中等，叶色绿，叶形柳叶形，嫩梢的芽、叶、茎都为紫色，芽叶较肥壮，茸毛多，育芽力强，发芽密度中等，一芽三叶百芽重为115g；持嫩性强。与近似品种‘观音山红叶茶’相比，‘紫娟’的特异性表现在于：‘紫娟’叶形柳叶形，‘观音山红叶茶’叶形椭圆形；紫娟嫩梢的芽、叶、茎都为紫色，‘观音山红叶茶’嫩梢的芽为绿色、嫩叶、嫩茎为紫红色；‘紫娟’的叶片呈上斜状着生，‘观音山红叶茶’的叶片呈下垂着生；‘紫娟’绿茶香气具有特殊的带有中药味的香气（此种香型在绿茶中未知），‘观音山红叶茶’绿茶香气正常。‘紫娟’适宜海拔1000～2000m，年平均温度15℃，绝对最低温度在－5℃以上的适种云南大叶茶的地区种植。喜欢温暖、湿润的气候和肥沃的土壤，适宜生长的土壤pH值在4.5～5.5之间。

宁杞3号

（枸杞属）

联系人：杨晓洁　地址：宁夏回族自治区银川市黄河东路590号
电话：0951-5044253/0951-5019802　国家：中国

申请日：2005－1－15
申请号：20050011
品种权号：20050032
授权日：2005－11－28
授权公告号：第0509号
授权公告日：2005－11－28
品种权人：宁夏农林科学院
培育人：钟鉎元、秦垦、洪凤英

品种特征特性：‘宁杞 3 号’是用 3 株优势树对比法从宁夏枸杞中选育出的优树无性系。该品种树势强健，生长快。树冠开张，发枝力强，结果枝细长而软，弧垂生长，花冠筒内壁淡黄色，花丝近基部有圈稠密绒毛。与对照品种‘宁杞 1 号’相比，‘宁杞 3 号’花冠筒口及花冠裂片基部紫红色，‘宁杞 1 号’花冠筒口及花冠裂片基部淡黄色；‘宁杞 3 号’嫩枝梢部淡黄绿色，‘宁杞 1 号’嫩枝梢部淡紫红色；‘宁杞 3 号’叶绿色，叶横切面向下凹形，顶端渐尖，‘宁杞 1 号’叶横切面平或略微向上突起，顶端钝尖；‘宁杞 3 号’果粗大，果腰部略微向外凸，‘宁杞 1 号’果较细长，果腰部平直。

京2杨

（杨属）

联系人：苏晓华　地址：北京颐和园后中国林业科学研究院林业研究所
电话：010-62889627/010-62872015　国家：中国

申请日：2005–3–4
申请号：20050015
品种权号：20050033
授权日：2005–11–28
授权公告号：第0509号
授权公告日：2005–11–28
品种权人：中国林业科学研究院林业研究所、秦皇岛市林业局
培育人：何庆庚、刘志新、苏晓华、黄秦军、王耀文等

品种特征特性：'京2杨'是以'山海关杨'×'I–63'杨为母本，以'I–72杨'×'山海关杨'为父本的杂交种，通过人工控制授粉，综合了我国南北方栽培的美洲黑杨特性，属复合杂种。'京2杨'一年生幼茎有轻棱角，侧枝少，叶片无毛；幼树主干有明显棱脊，大树树干通直、圆满，枝细干粗，树冠较小；皮孔椭圆形，无规律分布。该品种与对照'山海关杨'、中林系列相比表现出明显的速生性、抗病虫害特性。温度–20℃以上地区没有冻害，能安全生长。

京6杨

（杨属）

联系人：苏晓华　地址：北京颐和园后中国林业科学研究院林业研究所
电话：010-62889627/010-62872015　国家：中国

申请日：2005-3-4
申请号：20050016
品种权号：20050034
授权日：2005-11-28
授权公告号：第0509号
授权公告日：2005-11-28
品种权人：中国林业科学研究院林业研究所、 秦皇岛市林业局
培育人：何庆庚、刘志新、苏晓华、黄秦军、王耀文、张冰玉等

品种特征特性：‘京6杨’是以‘山海关杨’为母本，以‘I-63杨’为父本，通过人工控制授粉所获得。‘京6杨’一年生幼茎有轻棱角，多侧枝，叶片无毛；大树树干通直、圆满，枝细干粗，树冠较小；皮孔椭圆形，无规律分布。该品种与对照‘山海关杨’、中林系列相比表现出明显的速生性、抗病虫害特性。温度-20℃以上地区没有冻害，能安全生长。

金铃园枣

（枣）

联系人：张连增　地址：辽宁省朝阳市淮河路二段4411号
电话：0421-2806488　国家：中国

申请日：2004-12-10
申请号：20040032
品种权号：20050035
授权日：2005-11-28
授权公告号：第0509号
授权公告日：2005-11-28
品种权人：张连增
培育人：张连增

品种特征特性：'金铃园枣'是对一株百年生母树进行四世代子代测定法获得。'金铃园枣'叶长卵披针形，深绿色，叶尖锐尖，叶基圆形，叶边锯齿小、细，叶面无绒毛；花冠小，黄绿色，每吊花序11.1个，每序花数6.9个，昼开型，雌蕊2，雄蕊5，自花授粉，坐果率3%，有效花期约45天。与对照品种'大平顶枣'相比较，'金铃园枣'平均单果重为26g，'大平顶枣'平均单果重为9g。'金铃园枣'适宜绝对最低气温－34.4℃以上，无霜期145天以上地区栽培。

红虎舌

（紫金牛属）

联系人：邵慧敏　地址：四川省都江堰市外北月亮湾
电话：028-87133653　国家：中国

申请日：2004－12－10
申请号：20040034
品种权号：20050036
授权日：2005－11－28
授权公告号：第0509号
授权公告日：2005－11－28
品种权人：中国科学院华西亚高山植物园
培育人：庄平、邵慧敏、吴茳、冯正波、张超

品种特征特性：‘红虎舌’为紫金牛属虎舌红（*Ardisia mamillata* Hance）的种下变异类型。该品种用来源于四川乐山地区的虎舌红野外植株，在华西亚高山植物园新观山基地经6年的选育而成。该品种叶两面及其附着柔毛、花柄与花萼及其附着的柔毛均为较深的紫红色。其红色色度均明显深于其他过渡类型相应部位的颜色，其相关特征与纯绿类型迥然不同；同时，其幼果期的果实呈紫红色，与其他过渡类型和绿色类型的幼果颜色为绿色或稍带紫红晕明显不同。

‘红虎舌’适合在长江流域及其以南的区域生长，性喜南～中亚热带半阴、高湿、温暖、日照低、紫外辐射弱的气象条件和偏酸性、通透、腐殖质丰富的土壤环境。

绿虎舌

（紫金牛属）

联系人：邵慧敏　地址：四川省都江堰市外北月亮湾
电话：028-87133653　国家：中国

申请日：2004-12-10
申请号：20040033
品种权号：20050037
授权日：2005-11-28
授权公告号：第0509号
授权公告日：2005-11-28
品种权人：中国科学院华西亚高山植物园
培育人：庄平、邵慧敏、吴荭、冯正波、张超

品种特征特性：‘绿虎舌’为紫金牛属虎舌红（*Ardisia mamillata* Hance）的种下变异类型。该品种用来源于四川乐山地区的虎舌红野外植株，在华西亚高山植物园新观山基地经6年的选育而成。该品种叶两面为绿色，与深紫红色类型迥然不同；同时，其幼果期的果实呈绿色，与其他过渡类型和深紫红色类型的幼果颜色为深紫红色或稍带紫红晕明显不同。‘绿虎舌’适合在长江流域及其以南的区域生长，性喜南～中亚热带半阴、高湿、温暖、日照低、紫外辐射弱的气象条件和偏酸性、通透、腐殖质丰富的土壤环境。

友谊

（蔷薇属）

联系人：杨玉勇　地址：中国云南省呈贡县马金铺乡中卫办事处红山村
电话：0871-7441128/7441138　国家：中国

申请日：2004-07-14
申请号：20040017
品种权号：20050038
授权日：2005-12-12
授权公告号：第0511号
授权公告日：2005-12-12
品种权人：昆明杨月季园艺有限责任公司
培育人：杨玉勇

品种特征特性：'友谊'是将日本京成月季园KEISEI育成的品种'KEIMATEO'的芽变植株通过嫁接和扦插繁殖而获得的品种。该品种为窄灌型，植株中偏高；枝条直立，幼枝红褐色；无短刺，长刺数量中，长刺形状平；叶片深绿色，亮度中偏强，略有锯齿，叶脉清晰。花重瓣，花色为双色，花瓣内侧浅粉色并且有丝绒光泽，外侧白色，无香味。其对照品种'Alliance/Keimateo'花瓣内侧红色并且有丝绒光泽，外侧白色。'友谊'适于温室大棚栽培。

往日情怀

（蔷薇属）

联系人：杨玉勇　地址：中国云南省呈贡县马金铺乡中卫办事处红山村
电话：0871-7441128/7441138　国家：中国

申请日：2004-07-14
申请号：20040019
品种权号：20050039
授权日：2005-12-12
授权公告号：第0511号
授权公告日：2005-12-12
品种权人：昆明杨月季园艺有限责任公司
培育人：杨玉勇

品种特征特性：‘往日情怀’是将国际流行品种‘Yellow Island’的芽变植株通过嫁接和扦插繁殖而获得的品种。该品种为窄灌型，植株偏高；枝条直立，幼枝颜色浅；无短刺，长刺数量中，长刺形状平；叶片亮度中；花重瓣，花色为浅粉色；无香味。其对照品种‘Yellow Island’花瓣为黄色，有香味。‘往日情怀’适于温室大棚种植。

粉钻

（蔷薇属）

联系人：杨玉勇　地址：中国云南省呈贡县马金铺乡中卫办事处红山村
电话：0871-7441128/7441138　国家：中国

申请日：2005-06-17
申请号：20050037
品种权号：20050040
授权日：2005-12-12
授权公告号：第0511号
授权公告日：2005-12-12
品种权人：昆明杨月季园艺有限责任公司
培育人：杨玉勇、吴华、蔡能、伙秀丽、高冰莹

品种特征特性：‘粉钻’是‘夏克拉’自然变异。‘粉钻’枝条直立，刺一般；花高心卷边，花瓣RHS N57D色；叶片深绿色、革质中等、有锯齿，叶脉清晰，小叶完整。同母本比较花色不同，‘夏克拉’深粉色，‘粉钻’是暗浅粉色RHS N57D；同‘瑞普索迪’相比，‘粉钻’枝条中等粗细，刺少，刺下钩，‘瑞普索迪’暗粉色更深，刺多且密，枝条细；同‘水’相比，‘水’枝条无刺，花色较浅，‘粉钻’抗低温能力强。‘粉钻’适宜一般保护地条件下的切花种植栽培，采用一般的压枝或者修剪方式培养株形。

红宝石

（蔷薇属）

联系人：杨玉勇　地址：中国云南省呈贡县马金铺乡中卫办事处红山村
电话：0871-7441128/7441138　国家：中国

申请日：2005-06-17
申请号：20050038
品种权号：20050041
授权日：2005-12-12
授权公告号：第0511号
授权公告日：2005-12-12
品种权人：昆明杨月季园艺有限责任公司
培育人：杨玉勇、吴华、蔡能、伙秀丽、高冰莹

品种特征特性：‘红宝石’是‘可爱的红’自然变异。‘红宝石’枝条直立，枝条无刺；花高心卷边，花瓣RHS N58B色，并且顶部有白色条斑；叶片深绿色、革质一般、有锯齿，叶脉清晰，小叶完整；没有香味。同母本比较花色不同，没有焦边现象，花瓣顶端有白色条纹；同‘糖花条’相比，‘糖花条’花色不同是粉色并且全花瓣有条斑，枝条有刺，有香味。‘红宝石’适宜一般保护地条件下的切花种植栽培，采用一般的压枝或者修剪方式培养株形。

碧玉杨

（杨属）

联系人：段玉柱　地址：包头市钢铁大街24号创业中心908室
电话：0472-5166643/0472-5177060　国家：中国

申请日：2001-6-21
申请号：20010003
品种权号：20060001
授权日：2006-03-06
授权公告号：第0602号
授权公告日：2006-03-27
品种权人：包头林源生物技术有限公司
培育人：郭连生、段玉柱、许革华、陈事宏、孙金锁、段黎光、姜少军、石玉英

品种特征特性：该品种的培育过程和方法主要体现为在内蒙古土默川平原（地名萨拉齐）地区半干旱气候条件下通过选优发现特异株，由一株母树取枝，通过组织培养快繁得到的纯种。特异性主要表现在：1．形态。三年生幼树树干通直、顶端优势明显、树皮翠绿如碧玉、光滑不开裂。2．速生。该品种在内蒙古土默川平原地区4月上旬开始萌动，顶芽随即开始展叶，比其他杨树早10天左右，9月中旬封顶。3．抗寒、抗枯梢能力强。该品种的种植环境主要为平原川地，栽植技术以硬枝扦插为主，可采用覆地膜技术。

碧云杨

（杨属）

联系人：段玉柱　地址：包头市钢铁大街24号创业中心908室
电话：0472-5166643/0472-5177060　国家：中国

申请日：2001-8-11
申请号：20010004
品种权号：20060002
授权日：2006-03-06
授权公告号：第0602号
授权公告日：2006-03-27
品种权人：包头林源生物技术有限公司
培育人：郭连生、段玉柱、许革华、陈事宏、孙金锁、段黎光、姜少军、石玉英

品种特征特性：该品种是在内蒙古半干旱地区特殊环境下通过选优、提纯，硬枝扦插繁育得到的纯种。该品种的特异性：一、形态。树干通直，顶端优势明显，树皮灰绿色，节间短，节间距平均为3.8cm左右，一年的幼树可长到120片叶左右，上叶痕棱线伸长到下叶痕棱线以下，萌动新芽全部呈绿色，叶片为卵状三角形，平滑厚实，叶面有光泽，叶先端渐尖，叶缘细锯齿，基部楔形或平截，叶片长宽比为1.2∶1，叶柄短而挺直，叶片水平排列。二、速生。在包头地区4月上旬开始萌动、展叶，比其他杨树早10天左右，一根一干的树苗平均高度达4m，胸径2.34cm，地径3.04cm。三根两干的树胸径达7cm以上。三、抗寒、抗枯梢能力强，圃地留苗全部安全过冬，没有枯梢现象。该品种适宜种植的区域为半干旱区的土默川平原及与其环境条件相似的区域，推广范围待做完区域性试验后再定；种植环境主要为平原川地；栽培技术以硬枝扦插为主，可采用覆膜技术。

天演98杨

（杨属）

联系人：李海军，张琳　地址：新疆乌鲁木齐市西北路206号
电话：0991-3969981，3969982，3969982/010-80329448，13139643645，010-80329218　国家：中国

申请日：2001－09－11
申请号：20010006
品种权号：20060003
授权日：2006－03－06
授权公告号：第0602号
授权公告日：2006－03－27
品种权人：新疆天演生物技术有限责任公司
培育人：唐天林、李海军、郑黎敏、王建华、张林杰、席鹏

品种特征特性：该品种是在引进欧美（中林美荷）杨、新疆健杨扩繁中，驯化、选育的优良杨树新品种。其形态特性表现为树干通直圆满，树皮灰绿色且光滑，树冠大，侧枝角度30°～40°；芽苞细长，约为1.2cm左右，芽苞下棱线不明显；叶基为微心形；叶柄长度与叶中脉长度比值为30～39，叶背主脉线8～10根，叶缘无粗锯齿。其特异性主要表现为树干通直圆满，树皮为灰绿色且光滑，叶基为微心形，叶柄长度与叶中脉长度比值为30～39，当年扦插生长高达5～6m。适宜生长在东北、西北、华北及长江以北地区露地栽培。pH值为7～8.5，沙土、沙壤土、黏土地上均可种植。

天演2000杨

（杨属）

联系人：张琳，李海军　地址：新疆乌鲁木齐市西北路206号
电话：0991-3969981，3969982，3969982/010-80329448，13139643645，010-80329218　国家：中国

申请日：2001-9-11
申请号：20010007
品种权号：20060004
授权日：2006-03-06
授权公告号：第0602号
授权公告日：2006-03-27
品种权人：新疆天演生物技术有限责任公司
培育人：唐天林、李海军、郑黎敏、王建华、张林杰、席鹏

品种特征特性：该品种是引进欧美（中林美荷）杨、新疆健杨扩繁中，驯化、选育的优良杨树新品种。树干通直圆满，树皮为褐色、纵裂密集；树冠宽大，枝条粗，侧枝平均45°角轮生；叶片直径15～20cm，叶基为截形，叶柄长度与叶中脉长度比值为71以上，叶背侧主脉线5～6根；芽苞长约1cm，芽苞下棱线明显，长可延展至下个芽苞。与对照品种‘欧美107杨’相比，该品种树干通直圆满，树皮褐色、纵裂密集，树冠宽，树枝粗，叶基截形，年平均生长量6m；而‘欧美107杨’树干通直，树皮灰色，树冠窄，树枝细，叶基心形，年平均生长量3.2～4.0m。该品种适宜在东北、西北、华北及长江以北地区露地栽培。pH值为7～8.5，沙土、沙壤土、黏土地上均可种植。可溶性盐含量低于1.1%可正常生长，坡度小于30°的荒地上也可以种植，平均温度25～30℃生长最好。

天演99杨

（杨属）

联系人：张琳，李海军　地址：新疆乌鲁木齐市西北路206号
电话：0991-3969981，3969982，3969982/010-80329448，13139643645，010-80329218　国家：中国

申请日：2001－10－31
申请号：20010008
品种权号：20060005
授权日：2006－03－06
授权公告号：第0602号
授权公告日：2006－03－27
品种权人：新疆天演生物技术有限责任公司
培育人：唐天林、李海军、郑黎敏、王建华、张林杰、席鹏

品种特征特性：‘天演99杨’是在引进欧美杨、新疆健杨扩繁中，驯化、选育的优良杨树新品种。树干通直圆满，树冠宽，枝条粗，侧枝平均40°角轮生；树皮深灰色，较光滑；叶片直径15～20cm，通常为三角形或卵状二角形，尖端渐长，叶基为截形，叶柄长度与叶中脉长度比值为46～50，叶柄及叶脉均呈红褐色，叶背侧主脉线6～8根；芽苞长约1cm，呈红色紧贴树干，芽苞下棱线不明显，叶缘具锯齿，叶片平整。该品种与相似品种‘欧美107杨’相比，该品种树干通直圆满，树皮深灰色、较光滑，树冠宽，树枝粗，叶基截形，年平均生长量6m；‘欧美107杨’树干通直，树皮灰色、较粗糙，树冠窄，树枝细，叶基心形，年平均生长量3.2～4.0m。该品种适宜在东北、西北、华北及长江以北地区露地栽培。pH值为7～8.5，沙土、沙壤土、黏土地上均可种植。可溶性盐含量低于1.1%可正常生长，坡度小于30°的荒地上也可以种植，平均温度25～30℃生长最好。

紫奇碧桃

（桃花）

联系人：沈向　地址：山东省泰安市岱宗大街61号
电话：0538-8249140/0538-8249140　国家：中国

申请日：2005-5-31
申请号：20050035
品种权号：20060006
授权日：2006-08-22
授权公告号：第0604号
授权公告日：2006-10-11
品种权人：山东农业大学
培育人：沈向、毛志泉、胡艳丽、王丽琴、陈学森、束怀瑞

品种特征特性：‘紫奇碧桃’是2000年以紫叶桃实生种子经γ射线辐射后，从播种萌发的实生苗中选育出的早花紫叶观赏桃花。紫奇碧桃树姿较直立，叶片披针形，常年为紫红色，花形为梅花形，花朵直径约6.5～7 cm，花色为玫瑰粉色，重瓣（单花瓣数12～18），花期较母本明显提前，山桃谢花期即可开放，比母本早9～12天，正好填补山桃花系和真桃花系品种之间的花期空档；果可食。和母本紫叶桃相比，花期早，着花繁密，花瓣数较母本略少；枝干色较母本略浅，气孔数目多。‘紫奇碧桃’适宜在长江以北桃花栽培区种植。

中红杨

（杨属）

联系人：朱延林、程相军　电话：63391906
国家：中国

申请日：2005-6-10
申请号：20050036
品种权号：20060007
授权日：2006-08-22
授权公告号：第0604号
授权公告日：2006-10-11
品种权人：河南省林业科学研究院、程相军
培育人：朱延林、程相军

品种特征特性：中红杨（*Populus×euramerica* 'Zhonghua-hongye'）是2025杨树芽变品种。'中红杨'雄性，无飞絮，为高大乔木，树干通直、挺拔，生长迅速、树冠丰满，发芽早，落叶晚；'中红杨'叶色变化明显。从春季萌动到初夏整株叶片及新发嫩枝均为靓丽的玫瑰红色，初夏以后到10月中旬新发嫩叶及嫩枝为鲜艳的紫红色，而中下部成熟叶片则变为红绿色至绿色，10月中旬以后整株叶片逐渐变为杏红色，直至落叶。与近似品种'2025杨'比较，'中红杨'叶色季相变化明显，属于乔木彩叶类的珍品，而'2025杨'的叶色始终为绿色。'中红杨'为强阳性树种，可耐-33℃的极端低温，适生区为年平均温度10℃以上的地区。

美人榆

（榆属）

联系人：黄印冉　地址：河北省石家庄市学府路75号河北省林业科学研究院
电话：13933001838/0311-86839334　国家：中国

申请日：2005-8-25
申请号：20050051
品种权号：20060008
授权日：2006-08-22
授权公告号：第0604号
授权公告日：2006-10-11
品种权人：河北省林业科学研究院、石家庄绿缘达园林工程公司
培育人：黄印冉、张均营、刘俊、马增旺、马孟良、徐振华、曲银鹏、邢存旺

品种特征特性：‘美人榆’是以河北密枝白榆为母本，通过嫁接和扦插方式进行无性繁殖选育获得。‘美人榆’叶片金黄，色泽艳丽，有自然光泽，叶脉清晰，质感好；叶片卵圆形，长3～5cm，宽2～3cm，叶缘具锯齿，叶尖渐尖，互生于枝条上；小枝橘红色，分枝能力强。近似品种‘普通白榆’叶绿色，小枝黑褐色。‘美人榆’适应干旱、寒冷气候。

金昌一号

（枣）

联系人：李捷　电话：0351-7133910
国家：中国

申请日：2005-2-22
申请号：20050014
品种权号：20070001
授权日：2007-01-31
授权公告号：第0704号
授权公告日：2007-03-02
品种权人：山西省农业科学研究院植物保护研究所
培育人：李连昌、李捷

品种特征特性：'金昌一号'枣属鼠李科（Rhamnaceae）枣属（*Zizyphus* Mill.）植物，落叶乔木，树冠半圆形，树姿较开张，针刺不发达，叶片较大，浓绿色。果实大，呈短柱形，果顶稍膨大，果皮鲜红，平均纵横径5.0cm×3.8cm，平均单果重30.2g，最大果重80.3g。果实酸甜爽口，果肉厚，干鲜兼用。特异性：与对照品种壶瓶枣（果形长倒卵形，单果平均重18.3g，最大果重28.3g）相比，'金昌一号'果实多为短柱形，果实特大，果个匀、品质更优。一致性及稳定性：在生产实践中，'金昌一号'枣表现性状稳定。

皇冠栾

（栾树属）

联系人：王胜连　地址：鄢陵县大马奇珍苗木繁育场
电话：13603747399/0374-7603888　国家：中国

申请日：2005-5-27
申请号：20050034
品种权号：20070002
授权日：2007-01-31
授权公告号：第0704号
授权公告日：2007-03-02
品种权人：鄢陵县大马奇新珍苗木繁育场
培育人：王胜连

品种特征特性：‘皇冠栾’为落叶乔木，树皮灰褐色，细纵裂，小枝稍有棱，无顶芽，皮孔明显。奇数羽状复叶，有时部分小叶深裂为不完全二回羽状复叶，卵形或卵状椭圆形，缘有不规则粗齿，近基部常有深裂片，背沿脉有毛，叶色三季黄色。对照品种栾树，叶片为绿色。品种一致性表现在：‘皇冠栾’的芽嫁接到栾树上后，新生枝条、叶片颜色与变异植株（母株）颜色一致；变异植株经4年的连续观察，叶色及冠形一致性较好。品种稳定性：经4年的连续观察，无论是变异植物本身还是嫁接到栾树上的枝条，其生物学性状，如：叶色、枝条颜色等，表现稳定。

云玫

（蔷薇属）

联系人：张颢　地址：云南省昆明市北郊龙头街桃园村 650205
电话：13116209371/0871-5892602　国家：中国

申请日：2005－12－7
申请号：20050072
品种权号：20070003
授权日：2007－04－04
授权公告号：第0706号
授权公告日：2007－05－11
品种权人：云南省农业科学院
培育人：唐开学、张颢、李树发、陆琳、王继华、郑凌、瞿素萍、王丽花

品种特征特性：‘云玫’是一个芽变株系，芽变的母本为Meidebenne（商品名Black Baccara）。‘云玫’为灌木，植株直立，花单生于茎顶，花梗长而坚韧，高心剑瓣中花形，外花瓣黑红色，内花瓣深红色，花瓣数35～40枚；切枝长度50～60cm，刺中等偏少，叶革质暗绿色，稍细长，有锯齿，叶脉清晰，生长非常旺盛，年产量25枝／株；瓶插期8～10天。与近似品种‘小桃红’、母本品种‘黑巴克’比较，‘云玫’花瓣正面中部区域的颜色为N66A，‘小桃红’为N57D，‘黑巴克’为187B；‘云玫’花瓣正面边缘区域的颜色为N66A，‘小桃红’为N57C，‘黑巴克’为187A；‘云玫’顶部小叶基部形状心形，‘小桃红’为圆形；‘云玫’的萼片分叉弱，‘小桃红’萼片分叉中等。‘云玫’适于以昆明为中心的滇中地区以及气候相近的地区作保护地栽培，适合的生长环境是温度为12～28℃，湿度为60%～85%，土壤pH5.5～6.5，有机质丰富，疏松透气。地下水位不高于土表以下70cm。

云粉

（蔷薇属）

联系人：张颢　地址：云南省昆明市北郊龙头街云南省农业科学院花卉研究 650205
电话：0871-5892602　国家：中国

申请日：2006-05-19
申请号：20060036
品种权号：20070004
授权日：2007-4-4
授权公告号：第0706号
授权公告日：2007-05-11
品种权人：云南省农业科学院
培育人：唐开学、张颢、李树发、陆琳、王继华、鄢波、李涵、瞿素萍、王丽花、张婷

品种特征特性：‘云粉’为灌木，植株直立；花单生于茎顶，花梗长而坚韧，阔瓣大花型，内花瓣浅粉色，外花瓣比内花瓣稍浅，花瓣数 23 ～ 32 枚；切枝长度 60 ～ 80cm，茎中上部近无皮刺，茎中下部皮刺较多；叶暗绿色，叶背微红，较宽，有锯齿，叶脉清晰；生长旺盛，年产量 20 枝／株；瓶插期 8～10 天。‘云粉’与近似品种‘奶油味’、‘木瓜粉’、‘漂亮女人’比较的不同点如下：‘云粉’适于在以昆明为中心的滇中地区以及气候相近的地区作保护地栽培，适宜的生长环境是：温度为 10～28℃，湿度为 60%～85%，土壤 pH5.5～6.5，有机质丰富，疏松透气，地下水位低于土表以下 70cm。

有差异性状名称	申请品种	母本	父本	近似品种
	云粉	奶油妹	木瓜粉	漂亮女人
嫩枝花青显色	强	强	强	中等
嫩枝花青颜色	深棕褐色	棕褐色	棕褐色	泛红棕褐色
茎杆下部长刺数量	非常多	少	多	中等
叶片大小	中等	中等	中等	小
花瓣数量	23 ～ 32	30 ～ 35	25 ～ 35	25 ～ 35
萼片分叉	中等	中等	中等	强
花瓣正面中部区域的颜色	25D	9D	21C	38D
花瓣正面边缘区域的颜色	38C	27B	29A	37C
花瓣背面中部区域的颜色	49C	11D	65D	27A
花瓣背面边缘区域的颜色	65C	11D	52A	37D
花瓣边缘向下翻卷程度	中等	强	强	非常强

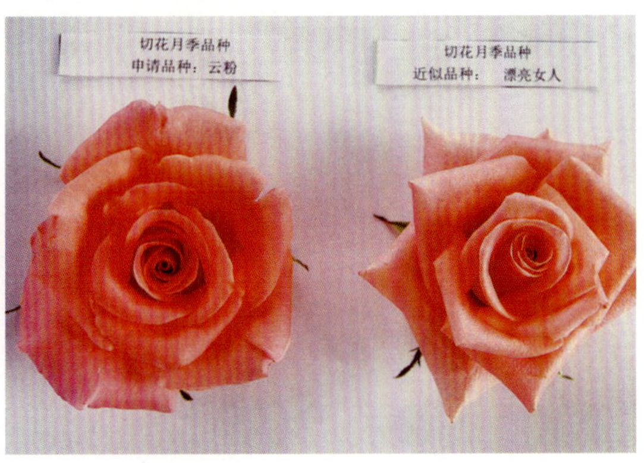

锦叶栾

（栾树属）

联系人：王国栋　　电话：0355-74444232
国家：中国

申请日：2005-10-18
申请号：20050058
品种权号：20070005
授权日：2007-01-31
授权公告号：第0704号
授权公告日：2007-03-02
品种权人：王国栋、石聚宝
培育人：王国栋、石聚宝

品种特征特性：该品种为落叶乔木，树皮灰褐色，多分枝，无顶芽，奇数羽状复叶互生，小叶7～15枚，卵形或卵状椭圆形，有不规则粗齿或羽状深裂，有时部分小叶深裂为不完全的二回羽状复叶，叶色4月初初出芽呈淡玫瑰红色，展叶后由红里带黄，转变为黄里带红，进入5、6月份呈茎红叶黄状态，6月下旬春梢开始封顶，原来的红茎逐渐褪色变为树干或树枝，然而春梢的芽再次萌发两次枝至三次枝又会呈现红红的嫩梢，进入7、8月上部新梢浓红，下部叶片金黄，是叶似花，进入9月梢部封顶，红梢渐消，然叶片依旧为金黄色直至落叶，花小，黄色、中心红色，顶生圆锥花序，宽而疏散，6～7月份开放；蒴果，三角状卵形，顶端尖，8～9月份果实成熟，成熟时黄褐色；种子圆形黑色。品种特异性：'锦叶栾'为栾树芽变，与栾树比，栾树叶色深绿，金栾下部叶片豆绿色，中部叶片至顶部新梢为淡黄色，'锦叶栾'下部叶片为绿色浅黄，中部叶片金黄，顶部新梢为茎红叶黄状，是叶似花，极具观赏价值，截然不同的叶色，充分表现了它的特异性。一致性：'锦叶栾'在全年从萌芽至落叶整个生长过程中，各个时期的变化与色泽完全相同。稳定性：'锦叶栾'经过5年的采用反复嫁接的繁殖方法所培育出的成苗，未曾发现有其他的变异。

金天使

（卫矛属）

联系人：潘常智　地址：浙江省绍兴县齐贤镇华龙小区52号
电话：0575-5180800　国家：中国

申请日：2005-11-04
申请号：20050060
品种权号：20070006
授权日：2007-01-31
授权公告号：第0704号
授权公告日：2007-03-02
品种权人：潘常智
培育人：潘常智

品种特征特性：‘金天使’是常绿灌木或小乔木，高1～5m，小枝黄色，稍四棱形，叶对生，椭圆形至倒卵形，大多长1.5～5cm，宽1.5～3.5cm，先端尖或钝，基部广契形，缘有细钝齿，两面无毛；有叶柄，叶脉明显。叶、芽、枝黄色，叶革质光亮半透明。生长初始：芽苞黄色，萌发的叶和枝黄色，叶面光亮鲜艳；叶茂枝繁紧凑。中期：叶浅花黄色或黄色，枝灰黄色或青中带褐色。特异性：‘金天使’叶、芽、枝黄色，叶片有时可见到少量不规则绿色条斑，对照品种‘金边大叶黄杨’叶浅绿色，仅叶缘金边或银边。‘金天使’叶片两面黄色，‘金边大叶黄杨’背面浅绿色。‘金天使’是大叶黄杨芽变种品种，经过嫁接或扦插繁殖，能保持‘金天使’品种的一致性、稳定性。

丽娜

（蔷薇属）

联系人：朱应雄　地址：云南省通海县四街镇许家嘴 652702
电话：0877-3072566　国家：中国

申请日：2005－11－30
申请号：20050063
品种权号：20070007
授权日：2007－01－31
授权公告号：第0704号
授权公告日：2007－03－02
品种权人：云南丽都花卉产业发展有限公司
培育人：朱应雄、罗春炉、程怀章、师增辉、禄金梅、张静波

品种特征特性：‘丽娜’是‘金香槟’的芽变品种，经优选，反复嫁接和扦插获得。‘丽娜’花色水红鲜艳，花形硕大，高心杯状，剑瓣，花苞开放直径10～12cm，花瓣数40～50枚，有淡香味，切花瓶插期12～15天，切花产量100～120/枝/m^2/年，属于中高产品种。抗白粉病，抗霜霉病、灰霉病中等。颜色为水红色，植株窄灌形，枝条直立，表皮绿色，切枝长60～80cm，基枝发生率强，茎干直立性强；叶片光泽度好，叶形较圆，叶尖较长。与近似品种‘金香槟’相比，‘丽娜’花色为水红色，‘金香槟’花色为杏粉色。‘丽娜’与近似品种‘淑女’相比，‘淑女’花色为水红色，除花色近似外，其枝、叶、皮刺均有不同。‘丽娜’适宜在温暖的亚热带地区栽培，也适合温室栽培。该品种自然芽变，各主要遗传性状已经稳定，性状表现一致，连续两年分别对申请品种200株以上群体进行观测表明，该品种主要和特征性表现一致，没有发现非典型植株，一致性好。性状也比较稳定。

安琪拉

（蔷薇属）

联系人：朱应雄　地址：云南省通海县四街镇许家嘴 652702
电话：0877-3072566　国家：中国

申请日：2005－11－30
申请号：20050064
品种权号：20070008
授权日：2007－01－31
授权公告号：第0704号
授权公告日：2007－03－02
品种权人：云南丽都花卉产业发展有限公司
培育人：朱应雄、罗春炉、程怀章、师增辉、禄金梅、张静波

品种特征特性：‘安琪拉’颜色为白色，花形硕大，高心杯状，花苞开放直径 10 ～ 13cm，花瓣数 55 ～ 60 枚，有淡香味，切花瓶插期 12 ～ 14 天，切花产量 120 ～ 140/ 枝 /m^2/ 年，植株窄灌形，枝条直立，表皮绿色、部分微带浅褐色，基枝发生力强，切枝长 70 ～ 90cm，皮刺中等偏高，皮刺形状基部宽，顶部尖锐且直；皮刺颜色红色，复叶由 5 ～ 7 枚小叶组成，大型，锯齿细小，革质叶面，近花处复叶由 1 ～ 3 枚小组成，小叶完整，抗白粉病，抗霜霉病、灰霉病中等。与近似品种‘俏佳人’相比，‘安琪拉’花色为白色，‘俏佳人’花色为淡杏粉色。与近似品种‘雪山’相比，‘雪山’花色乃白色，除此外，其枝、叶、皮刺均有不同。该品种自然芽变，各主要遗传性状已经稳定，性状表现一致，连续两年分别对申请品种 200 株以上群体进行观测表明，该品种主要和特征性表现一致，没有发现非典型植株，一致性好。性状也比较稳定。

美琪

（蔷薇属）

联系人：朱应雄　地址：云南省通海县四街镇许家嘴 652702
电话：0877-3072566/3072499　国家：中国

申请日：2005–11–30
申请号：20050065
品种权号：20070009
授权日：2007–03–02
授权公告号：第0704号
授权公告日：2007–03–02
品种权人：云南丽都花卉产业发展有限公司
培育人：朱应雄、罗春炉、程怀章、师增辉、禄金梅、张静波

品种特征特性：‘美琪’花颜色为浅粉色，高心杯状，花苞开放直径 10 ～ 12cm，抗白粉病，抗霜霉病、灰霉病中等。花瓣数 44 ～ 55 枚，无香味，切花瓶插期 10 ～ 12 天，切花产量 110 ～ 120/ 枝 /m^2/ 年，植株窄灌形，枝条直立，表皮绿色、部分微带浅褐色，基枝发生力强，切枝长 60 ～ 80cm，皮刺分布全株多而细，皮刺形状基部宽，顶部尖锐且下弯；叶片由 5 ～ 7 枚小叶组成，中型，小叶绿色，半革质，锯齿细小，叶脉清晰，近花处复叶由 1 ～ 3 枚小组成，小叶完整。与近似品种‘瑞普索迪’相比，‘美琪’花色为浅粉色，‘瑞普索迪’花色为浅紫红色。与‘俏姑娘’相比，‘俏姑娘’颜色为浅粉色，除此外，其枝、叶、皮刺均有不同。该品种自然芽变，各主要遗传性状已经稳定，性状表现一致，连续两年分别对申请品种 200 株以上群体进行观测表明，该品种主要和特征性表现一致，没有发现非典型植株，一致性好。性状也比较稳定。

瓦蒂

（蔷薇属）

联系人：朱应雄　地址：云南省通海县四街镇许家嘴 652702
电话：0877-3072566/3072499　国家：中国

申请日：2005-11-30
申请号：20050069
品种权号：20070010
授权日：2007-01-31
授权公告号：第0704号
授权公告日：2007-03-02
品种权人：云南丽都花卉产业发展有限公司
培育人：朱应雄、罗春炉、程怀章、师增辉、禄金梅、张静波

品种特征特性：‘瓦蒂’花颜色为浅黄色，瓣花苞开放直径 10 ~ 12cm，花瓣数 30 ~ 40 枚，高心，半剑，有淡香，切花瓶插期 10 ~ 12 天，切花产量 90 ~ 110/ 枝 /m^2/ 年，多季节开花性抗白粉病，抗霜霉病、灰霉病中等。植株阔灌形，枝条半直立，切枝长 60 ~ 70cm，皮刺高等数量，皮刺形状基部宽，顶部尖锐且下弯，皮刺颜色为红色，复叶由 5 ~ 7 枚小叶组成，中型偏大，小叶绿色，锯齿细小，近花处复叶由 1 ~ 3 枚小组成，与近似品种‘永恒’相比，‘瓦蒂’花色为浅黄色，‘永恒’花色为乳白色，内瓣浅黄色；与‘假日公主’相比，‘假日公主’为杏黄色，除此外其枝、叶、皮刺均有不同。该品种自然芽变，各主要遗传性状已经稳定，性状表现一致，连续两年分别对申请品种 200 株以上群体进行观测表明，该品种主要和特征性表现一致，没有发现非典型植株，一致性好。性状也比较稳定。

艾佛莉

（蔷薇属）

联系人：朱应雄　地址：云南省通海县四街镇许家嘴 652702
电话：0877-3072566/3072499　国家：中国

申请日：2005－11－30
申请号：20050071
品种权号：20070011
授权日：2007－01－31
授权公告号：第0704号
授权公告日：2007－03－02
品种权人：云南丽都花卉产业发展有限公司
培育人：朱应雄、罗春炉、程怀章、师增辉、禄金梅、张静波

品种特征特性：‘艾佛莉’高心杯状，大型花，花苞开放直径 10 ～ 13cm，花瓣夏季为乳白色，冬季为淡粉色。抗白粉病，抗霜霉病、灰霉病中等。花瓣数 50 ～ 60 枚，有淡香味，切花瓶插期 12 ～ 14 天，切花产量 90 ～ 110/ 枝 /m^2/ 年，多季节开花性，植株窄灌形，枝条直立，表皮浅褐绿色转为绿色，切枝长 70 ～ 80cm，皮刺分布基部密集、上部无刺，皮刺形状基部宽，顶部向上，皮刺颜色为浅红色；复片由 5 ～ 7 枚小叶组成，大型，半革质，锯齿细小，叶脉不清晰，近花处复叶由 1 ～ 3 枚小组成，与近似品种‘纳欧米’相比，‘艾佛莉’花瓣冬季为淡粉色；‘纳欧米’冬季为杏粉色。与‘香水女人’比，‘香水女人’冬季为粉心、白底；除此外，其枝、叶、皮刺均有不同。该品种自然芽变，各主要遗传性状已经稳定，性状表现一致，连续两年分别对申请品种 200 株以上群体进行观测表明，该品种主要和特征性表现一致，没有发现非典型植株，一致性好。性状也比较稳定。

中怀1号

（杨属）

联系人：胡建军　地址：北京颐和园后中国林业科学研究院林业研究所
电话：010-62889606　国家：中国

申请日：2005-12-27
申请号：20060001
品种权号：20070012
授权日：2007-01-31
授权公告号：第0704号
授权公告日：2007-03-02
品种权人：中国林业科学研究院林业研究所
培育人：胡建军、韩一凡、李淑梅、李玲、虞春航、李有来、顾斌、赵自成

品种特征特性：‘中怀1号’苗期茎直立粗壮，灰褐色，具三条棱线；皮孔圆形～长形，短线形分布均匀；茎中部无毛具白条状蜡质；叶芽三角形，较小（0.5cm长），芽距4cm，芽绿色，先端钝，紧贴于茎。成年树主干通直圆满，树皮纵裂，裂痕浅；侧枝层次分明，圆形灰褐色，具明显棱痕，侧枝与主干夹角45°，较粗。‘中怀1号’与近似品种‘北抗杨’比较的不同点见下表：

项目	中怀1号	北抗杨
长枝叶	阔卵形	圆卵形
短枝叶	三角形	极宽形
叶基部	广楔形	截形－楔形
叶片总长／叶最大宽度%	104	86
叶柄与叶脉比%	56	60
叶脉第二对夹角	67.5°	87.2°
抗光肩星天牛	抗	较抗
耐寒性	北纬43°28′以上	北纬40°49′以下
性别	雄株	雄株

‘中怀1号’要求水肥条件良好的立地条件，在干旱地区种植应具灌溉条件。该品种采用无性繁殖，后代生物特性和形态没有发生任何变异，均一致。其形态以及各种性状没发生任何变异，具有稳定性。

中怀2号

（杨属）

联系人：胡建军　地址：北京颐和园后中国林业科学研究院林业研究所
电话：010-62889606　国家：中国

申请日：2005－12－27
申请号：20060002
品种权号：20070013
授权日：2007－01－31
授权公告号：第0704号
授权公告日：2007－03－02
品种权人：中国林业科学研究院林业研究所
培育人：李玲、韩一凡、李淑梅、胡建军、虞春航、李有来、顾斌、赵自成、屈菊平、赵名花

品种特征特性：'中怀 2 号'苗期茎直立粗壮，灰褐色，具三条棱，棱明显，茎无毛，深绿色，皮孔圆形～长卵形，灰白色，分布较密均匀。成年树，树皮灰褐色，纵裂，裂痕浅，树干通直圆满，侧枝与干夹角 45°，侧枝层次不明显，侧枝上有不明显棱痕。'中怀 1 号'与近似品种'北抗杨'比较的不同点见下表：

项目	中怀 2 号	北抗杨
长枝叶	宽三角形	圆卵形
短枝叶	近正三角形	极宽馒形
叶基部	广楔形	截形～楔形
叶片长宽比%	103	86
叶柄与叶脉比%	66	60
叶脉第二对夹角	64.1°	87.2°
抗光肩星天牛	抗	较抗
耐寒性	北纬 43° 28′	北纬 40° 49′
性别	雌株	雄株

'中怀 2 号'要求水肥条件良好的立地条件，在干旱地区种植应具备灌溉条件。该品种采用无性繁殖，后代生物特性和形态没有发生任何变异，均一致。其形态以及各种性状没发生任何变异，具有稳定性。

森海1号

（杨属）

联系人：秦培钧　电话：021-64467070
国家：中国

申请日：2005－12－27
申请号：20060003
品种权号：20070014
授权日：2007－01－31
授权公告号：第0704号
授权公告日：2007－03－02
品种权人：上海森海林业科技有限公司、中国林业科学研究院林业研究所
培育人：秦培钧、安学惠、韩一凡、李淑梅、胡建军、李玲、李有来、安旭、赵自成

品种特征特性：‘森海1号’是以‘美洲黑杨50号杨’无性系为母本，青杨派中的‘青杨’为父本，经人工杂交选育获得。‘森海1号’树干圆满，通直，树皮青绿色，干下部微纵状开裂，上部光滑具棱痕，侧枝与主干夹角成45°，侧枝分布无明显层次，较细，枝痕愈合能力较强，枝下高在2m左右，冠幅：EW ＝ 8m，NS=8m，树冠呈圆柱形。‘森海1号’与近似品种‘50号杨’、‘青杨’、‘西丰17’比较的不同点见下表：

项目	森海1号	50号杨	青杨	西丰17
长枝叶	卵形	宽卵形	圆卵形	长圆卵形
短枝叶	宽卵形～叶平展	极宽卵形	椭圆形～圆卵形	圆卵形
叶片长宽比%	120	99	123	76
叶柄与叶脉比%	62	65	34	34
叶脉第二对夹角	65.7°	84.8°	55.1°	40°
抗光肩星天牛100%	抗	不抗	抗病害	
耐寒性	－30℃	－15℃	－39℃	－25.6℃以下

‘森海1号’要求水肥条件良好的立地条件，在干旱地区种植应具灌溉条件。该品种采用无性繁殖，后代生物特性和形态没有发生任何变异，均一致。其形态以及各种性状没发生任何变异，具有稳定性。

森海2号

（杨属）

：

联系人：秦培钧　电话：021-64467070

国家：中国

申请日：2005－12－27
申请号：20060004
品种权号：20070015
授权日：2007－01－31
授权公告号：第0704号
授权公告日：2007－03－02
品种权人：上海森海林业科技有限公司、 中国林业科学研究院林业研究所
培育人：秦培钧、安学惠、韩一凡、李淑梅、胡建军、李玲、李有来、安旭、赵自成

品种特征特性：‘森海 2 号’是以‘美洲黑杨 50 号杨’无性系为母本，青杨派中的‘青杨’为父本，经人工杂交选育获得。树干光滑，青绿色干，通直，圆满，下部微纵状开裂，上部光滑，树干皮孔呈棱形排列。有明显棱形的棱痕，主干侧枝夹角为 80°，树干上部分枝角度 45°，侧枝分布无层次，较细，枝上有明显棱，皮孔为圆形。枝下高 2m 左右，冠幅：EW ＝ 4.8m，NS=5.5m，树冠呈塔形树冠。‘森海 2 号’与近似品种‘50 号杨’、‘青杨’、‘西丰 17’比较的不同点见下表：

项目	森海 2 号	50 号杨	青杨	西丰 17
长枝叶	宽椭圆形	宽卵形	圆卵形	长圆卵形
短枝叶	圆形～长卵形成碟状	极宽卵形	椭圆形～圆卵形	圆卵形
叶片长宽比%	112	99	123	76
叶柄与叶脉比%	56	65	34	34
叶脉第二对夹角	67.3°	84.8°	55.1°	40°
抗光肩星天牛	感虫率为 0	抗	不抗	抗病害
耐寒性	−30℃	−15℃	−39℃	−25.6℃以下

‘森海 2 号’要求水肥条件良好的立地条件，在干旱地区种植应具备灌溉条件。该品种采用无性繁殖，后代生物特性和形态没有发生任何变异，均一致。其形态以及各种性状没发生任何变异，具有稳定性。

紫霞

（黄栌属）

联系人：郤书鹏　电话：13001905063
国家：中国

申请日：2006-03-09
申请号：20060017
品种权号：20070016
授权日：2007-01-31
授权公告号：第0704号
授权公告日：2007-03-02
品种权人：北京市十三陵昊林苗圃、北京市林业种子苗木管理总站
培育人：郤书鹏、卢宝明、姜英淑、张延达

品种特征特性：‘紫霞’为落叶灌木或小乔木，小枝紫褐色，单叶互生，叶片紫红色，呈倒卵形，全缘。叶柄细长，1～4cm。

	紫霞	黄栌
叶片颜色	紫红色	绿色
髓心	紫色	白色

	紫霞	美国红栌
叶片及枝条是否被毛	灰色柔毛	不被柔毛
髓心	紫色	白色

‘紫霞’在同一批苗木生产中，颜色相同，生长量相差较小，一致性较强。紫霞的本身特有性状经过多次无性繁殖，没有发现植株变异现象，保持稳定性一致。

库安托

（杨属）

联系人：张绮纹　地址：北京中国林科院
电话：010-62889654/010-62872015　国家：中国

申请日：2002-1-18
申请号：20020002
品种权号：20070017
授权日：2007-01-31
授权公告号：第0704号
授权公告日：2007-03-02
品种权人：张绮纹
培育人：意大利罗马农林研究中心

品种特征特性：此品种是意大利罗马农林研究中心选育出的欧美杨天然杂种。树干通直，树冠窄，尖削度小，侧枝与主干的夹角小于45°；侧枝较细，树皮粗裂，皮孔菱形，树皮深褐色。其特异性表现在为速生，在适宜生长地区胸径年生长量可达4～4.5cm，树高年生长量可达3～4cm，材积生长量比对照I-214杨提高1倍以上；干直冠窄；无性繁殖容易，造林和育苗成活率一般为95%以上；抗逆性强，较耐低温，能在内蒙古包头等地区安全越冬；材质好，纤维长度1057.8um，木材密度0.325g/cm^2，适用于板材；抗病虫害和抗逆性较强。该品种有较广的适应性，与‘尼娃’杨相比，其适宜种植区偏北。土壤以沙壤土最好，pH值7～8.5为宜，对水肥条件有一定要求。

贝洛托

（杨属）

联系人：张绮纹　地址：北京市海淀区东小府1号 中国林科院林研所
电话：010-62889654/010-62872015　国家：中国

申请日：2002-1-18
申请号：20020005
品种权号：20070018
授权日：2007-01-31
授权公告号：第0704号
授权公告日：2007-03-02
品种权人：张绮纹
培育人：意大利罗马农林研究中心

品种特征特性：该品种是欧美杨无性系，是由意大利罗马农林研究中心利用人工控制授粉，通过有性杂交所获得的杂种无性系，其母本是采自美国Stonerille地方的美洲黑杨，父本是自由授粉所获半同胞家系的欧美杨无性系。树干通直，树冠窄小，侧枝细，树形美观，侧枝与主干夹角45°左右，树皮浅灰色，树皮较光滑，无明显纵裂。其特异性表现在：速生性，在适宜生长条件下，胸径年生长量可达4～4.5cm，树高年生长量可达3～4cm，平均材积生长量超过对照I-214杨40%～50%；树体美观，树干通直，树冠窄小，侧枝与主干夹角45°左右；树皮浅灰色；无性繁殖容易，造林和育苗成活率一般为90%以上；木材材质好，木材纤维长度和木材密度高于对照I-214杨，而1%NaOH抽提物低于对照I-214杨；抗花叶病毒和抗风折。该品种适宜种植地区为华北各省区和辽宁南部、淮河流域各省区以及西南地区和湖北，适宜在平原地区种植。土壤以沙土壤为最好，pH值以7～8.5为宜。对水肥条件有一定要求。

科文里格(KORVENLIG)

（蔷薇属）

联系人：威廉科德斯　地址：德国汉堡，Klein Offenseth-Sparrieshoop Rosenstr.54
电话：+49-4121-48700/+49-4121-84745　国家：德国

申请日：2004－7－16
申请号：20040013
品种权号：20070019
授权日：2007－01－31
授权公告号：第0704号
授权公告日：2007－03－02
品种权人：德国科德斯月季育种公司
培育人：威廉科德斯(Wilhelm Kordes)

品种特征特性：杂交茶香月季（Hybrid tea roses，HT）品种‘科文里格’（KORVENLIG）是由母本为Frisco × 未知实生苗杂种，父本为‘Texas’杂种实生苗杂交获得的。该品种的特异性表现是自然分枝；花瓣浅黄色，轻度反卷；叶子规格中等至大，暗绿色；茎的强度和均一度高于其他黄色品种；成品寿命长。与对照品种‘科鲁玛拉’（KORLUMARA）相比，申请品种的花瓣为较浅黄色，花朵较大，颜色均一度较高。两个品种的叶形相似，但申请品种的叶子比对照品种大，光滑度较高；且申请品种的茎更呈铁丝状，坚硬。‘科文里格’的质量优于其他黄色花品种。‘科文里格’适合于温室栽培。

聊红槐

（槐属）

联系人：邱艳昌　地址：山东省聊城市文化路34号 252059
电话：0635-8238266　国家：中国

申请日：2006–8–30
申请号：20060043
品种权号：20070020
授权日：2007–09–07
授权公告号：第0713号
授权公告日：2007–10–16
品种权人：聊城大学
培育人：邱艳昌、张秀省、黄勇

品种特征特性：‘聊红槐’花冠旗瓣为浅粉红色，沿中轴中下部有2条黄色斑块，翼瓣与龙骨瓣紫色，沿中轴中下部呈浅黄白色。花期在7月上旬至8月中旬，约50天，较国槐原种早开花7天左右。花粉粒在显微镜下表面呈现显著的棱脊纹饰，而普通国槐的花粉粒表面相对光滑。品种一致性：采集‘聊红槐’母树上的枝条，2002年用嫁接方法繁殖了1102株苗，其中开花的320株，在聊城和莘县两个试验地点均表现了母株的花色性状。已经开花的单株中未见其他花色，具有品种内的高度一致性。稳定性：5年生嫁接树，其形态学、孢粉学及分子生物学特征均与母株一致，没有返祖和分化现象。

晚春含笑

（含笑属）

联系人：曾德禄　电话：0871-7279186/13700652417
国家：中国

申请日：2005-6-21
申请号：20050039
品种权号：20070021
授权日：2007-09-07
授权公告号：第0713号
授权公告日：2007-10-16
品种权人：云南绿大地生物科技股份有限公司
培育人：龚洵

品种特征特性：性状特征：常绿灌木至小乔木，从茎基部开始分枝，分枝多而密，呈塔形；芽叶柄、幼叶两面是棕色短绒毛。叶革质，倒长卵形长圆形，长 6.5 ~ 16cm，宽 2.5 ~ 5cm，先端具骤尖头或稍圆钝，基部楔形，叶面深绿色，叶面无毛，背面残留棕色绒毛。中脉在叶面凹下，侧脉每边 9 ~ 11，叶柄上托痕为叶柄长的 1/3．花乳白色，花被片（7）11 ~ 12，狭倒卵形或匙形，长 3.5 ~ 6cm，宽 1 ~ 2cm，呈 3 轮排列，张开呈钟形。花期 3 ~ 4 个月。该品种与其亲本对照相比其特异性在：常绿灌木至小乔木，分枝密集，株形呈塔状，而父本为常绿灌木，母本为半落叶高大乔木；花直立，不完全张开呈钟形，而父本云南含笑花小、花多、密集、且几乎完全张开，母本球花含笑花下垂，几乎不张开。经过培育出该品种，并进行无性繁殖，可以将其性状稳定下来。经过对该品种连续 5 年的观察，性状基本保持一致。

健杨94

（杨属）

联系人：韩一凡　地址：北京市中国林业科学研究院林业研究所 100091
电话：010-62889642　国家：中国

申请日：2006-12-12
申请号：20060050
品种权号：20070022
授权日：2007-09-07
授权公告号：第0713号
授权公告日：2007-10-16
品种权人：上海森海林业科技有限公司、中国林业科学研究院林业研究所、河南省濮阳林业科学研究所
培育人：秦培钧、韩一凡、李淑梅、李玲、胡建军、苏衍修、赵自成、安学惠、林意、陈丛梅、宋立功、李强力、安文义、马记良

品种特征特性：‘健杨 94’为转 Bt 基因植株，它属于杨属欧美杨中的品种之一。为乔木、干形通直，树冠半开展近于塔形；树皮纵裂，灰白色，皮裂痕处为褐色；侧枝与主干夹角呈 45°～50°，轮生，层次明显；叶片阔卵形，先端突尖至长渐尖，叶基部截形至微楔形，叶片基部有 0～2 个腺点，叶脉黄绿色，叶柄扁平，靠基部微紫红色，叶芽宽而渐尖，芽胶橘黄色。‘健杨 94’较同类‘抗虫杨 12 号’相比较在抗食叶害虫表现出对三种食叶害虫，杨扇舟蛾、舞毒蛾、杨尺蠖具有杀伤力、对其他食叶害虫尚未表现出，但‘健杨 94’除对上述三种虫害具杀伤力外，增加了异翅目、膜肩网蝽和鳞翅目、潜叶蛾有杀伤作用，拓宽了抗虫种类；‘健杨 94’叶片阔卵形，叶片先端突尖～长渐尖，叶片长宽比 108%，叶柄与叶脉之比 61.6%，叶脉第二对夹角 74°。而抗虫杨 12 号叶片圆卵形，叶先端渐尖～尾尖，叶片长宽比为 100.7%叶柄长与中叶脉之比 56.2%，叶脉第二对夹角 68.3°。无论在形态上比和抗虫种类比二者均有不同；‘抗虫杨 12 号’在特别寒冷地区有生长的局限性，它只能在 -30℃地区生长，而‘健杨 94’可以在 -35℃低温下生长良好，如黑龙江省兴凯湖地区，因此在纬度上也有所区别。‘健杨 94’要求水肥条件良好的立地条件，在干旱地区种植应具备灌溉条件。

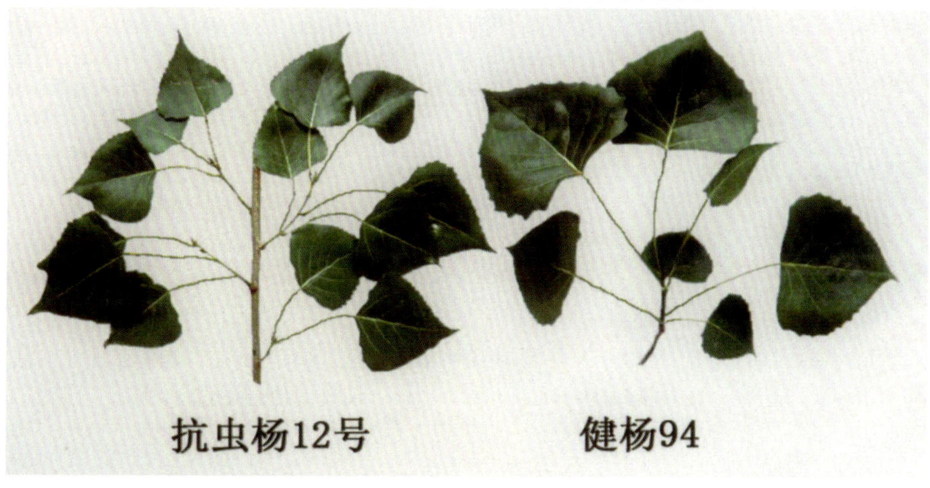

喜临门杜鹃

（杜鹃花属）

联系人：张长芹　地址：云南省昆明市龙泉路610号 650204
电话：0871-5223630　国家：中国

申请日：2006–02–17
申请号：20060009
品种权号：20070023
授权日：2007–09–07
授权公告号：第0713号
授权公告日：2007–10–16
品种权人：中国科学院昆明植物研究所、云南绿大地生物科技股份有限公司
培育人：张长芹、黄媛、张敬丽、田伟

品种特征特性：‘喜临门杜鹃’是从‘锦绣杜鹃’的芽变枝条选育出来的。常绿灌木，高60～80cm。多分枝，幼枝粗壮红色。顶生伞形花序，有花1～3朵，花冠红色，雄蕊红色。花期3～4月。‘喜临门杜鹃’与对照品种‘锦绣杜鹃’比较的不同点见下表：

	喜临门杜鹃	锦绣杜鹃
株高	60～80cm	150～250cm
枝	紧密，幼枝具红色糙伏毛	开展，幼枝具深棕色糙伏毛
叶	全缘	边缘反卷
每花序花	1～3	1～5
花色	大红至深粉红	玫瑰红或粉白
花冠	宽喇叭形	钟形
花梗	红色	淡黄褐色
雌蕊	花柱红色，柱头红色	粉白色柱头浅绿色
雄蕊	花丝红色，花药红色	花丝粉红色，花药灰色

经过对100株该品种连续扦插繁殖6年来的观察，性状一致，稳定，未发现变异植株。现已繁殖2000余盆。

雪美人

（杜鹃花属）

联系人：张长芹　地址：云南省昆明市龙泉路610号 650204
电话：0871-5223630/5216345　国家：中国

申请日：2006-02-17
申请号：20060011
品种权号：20070024
授权日：2007-09-07
授权公告号：第0713号
授权公告日：2007-10-16
品种权人：中国科学院昆明植物研究所
培育人：张长芹、高连明、吴之坤、张敬丽、孙宝玲、田伟、乔琴

品种特征特性：‘雪美人’是从日本杜鹃花品种‘皋月’中发现的芽变品种。常绿小灌木，高30～50cm，叶芽、叶柄及幼叶两面被白色短柔毛，每花序有花1朵，雄蕊瓣化，花瓣7～10。‘雪美人’与对照品种‘皋月’比较的不同点见下表：

	雪美人	皋月
株高	30～50cm	40～60cm
叶	卵形或长圆形，两面被白色柔毛	卵形，两面具淡褐色柔毛
每花序有花	1朵	1～3朵
花色	白	白有紫色条纹
花形	茶花形，花冠直径5～6cm	宽钟形，花冠直径2～4cm
花冠裂片	7～10，两轮	5，单瓣
雄蕊	瓣化为花瓣	5

经过对嫁接的5株新品种大苗6年的连续观察以及嫁接的大苗采条扦插繁殖的100余株扦插开花苗4年的观察，性状一致，稳定，未发现变异植株。

红晕

（杜鹃花属）

联系人：张长芹　地址：云南省昆明市龙泉路610号 650204
电话：0871-5223630/5216345　国家：中国

申请日：2006-02-17
申请号：20060012
品种权号：20070025
授权日：2007-09-07
授权公告号：第0713号
授权公告日：2007-10-16
品种权人：中国科学院昆明植物研究所
培育人：张长芹、冯宝钧、高连明

品种特征特性：‘红晕’是‘露珠杜鹃’和马缨花杜鹃的杂交品种，常绿灌木，高60～80cm。顶生总状伞房花序，有花8～10朵，花瓣上部粉红色，下部乳黄色，有紫红色斑点，内有蜜腺囊，花期3～4月。与对照品种‘露珠杜鹃’比较的不同点见下表：

	红晕	露珠杜鹃
株高	60～80cm	200～300cm
花序	8～10朵	7～15朵
花冠	宽漏斗状钟形	钟形
花色	花瓣上部粉红色，下部乳黄色	淡黄色
花筒	上部有紫红色斑点，内有蜜腺囊	上部多数灰色斑点，无蜜腺囊

‘红晕’适宜栽植于大多数地区，更适宜在20%的荫蔽度下生长。要求湿度为30%～40%。适宜的土壤为富含有机质的腐殖土，pH值5～6.5。

金踯躅

（杜鹃花属）

联系人：张长芹　地址：云南省昆明市龙泉路610号 650204
电话：0871-5223630/5216345　国家：中国

申请日：2006-02-17
申请号：20060013
品种权号：20070026
授权日：2007-09-07
授权公告号：第0713号
授权公告日：2007-10-16
品种权人：中国科学院昆明植物研究所
培育人：张长芹、黄媛、高连明

品种特征特性：‘金踯躅’是在播种的‘羊踯躅’实生苗中选育出的变异品种。落叶灌木，高60～80cm。叶纸质，长5～11cm，宽2～4cm。顶生伞形花序，有花7～13朵；花冠管状钟形，外面金黄色，内面纯黄色，无斑点。花柱柱头紫红色。花期与‘羊踯躅’同。与对照品种‘羊踯躅’比较的不同点见下表：

	金踯躅	羊踯躅
株高	60～80cm	150～200cm
叶	纸质，长5～11cm，宽2～4cm	软革质 长6～9cm，宽1.8～4.5cm
花苞	橘红色	绿色
每花序有花	7～13朵	5～12朵
花色	橘红	淡黄
花冠	管状钟形	宽漏斗状钟形
花瓣	内面金黄色，上方有红色斑点	黄色，内有黄绿色斑点
花柱及柱头	花柱长6cm，柱头红色	花柱长4～5cm，柱头绿色

经过对150余盆，16年的观察，花苞和花色一致都是橘红色上述性状一致、稳定。

紫艳

（杜鹃花属）

联系人：张长芹　地址：云南省昆明市龙泉路610号 650204
电话：0871-5223630　国家：中国

申请日：2006-02-17
申请号：20060014
品种权号：20070027
授权日：2007-09-07
授权公告号：第0713号
授权公告日：2007-10-16
品种权人：中国科学院昆明植物研究所
培育人：张长芹、黄媛、高连明

品种特征特性：‘紫艳’是从栽培映山红扦插苗中选出的芽变品种。常绿灌木，高 60 ~ 80cm，叶纸质，顶端圆有凸尖头。每花序有花 3 ~ 5 朵。花色为紫色，其变异主要表现在萼片已经瓣化为花瓣状。‘紫艳’与对照品种‘映山红’比较的不同点见下表：

	紫艳	映山红
株高	60 ~ 80cm	100 ~ 300cm
叶	纸质，顶端圆，有凸尖头	坚纸质，顶端尖或有时渐尖
每花序有花	3 ~ 5	2 ~ 4
花色	紫红	猩红
花瓣	单瓣	套筒
花冠裂片	阔卵形，无斑点	长椭圆形，有深红色斑点
萼片	紫色，已瓣化	绿色，未变

经过对 100 余盆，17 年的观察，上述性状一致、稳定。

娇艳杜鹃

（杜鹃花属）

联系人：曾德禄　地址：昆明经济技术开发区经浦路6号 650217
电话：0871-7279186/13700652417　国家：中国

申请日：2006-02-17
申请号：20060015
品种权号：20070028
授权日：2007-09-07
授权公告号：第0713号
授权公告日：2007-10-16
品种权人：云南绿大地生物科技股份有限公司
培育人：张长芹、黄媛、高连明

品种特征特性：‘娇艳杜鹃’是从映山红中选育出的芽变品种。常绿灌木，高 40 ～ 60cm，枝条柔软下垂，叶坚纸质，花朵大，直径 8 ～ 10cm，花色桃红，雄蕊瓣化为花瓣，花冠裂片 12 ～ 14 片，花瓣上无斑点。雌蕊绿色。花萼 5 裂，裂片小，绿色。花形似茶花，花瓣似菊花，花期 4 ～ 5 月。‘娇艳杜鹃’与对照品种‘映山红’比较的不同点见下表：

	娇艳杜鹃	映山红
株高	40 ～ 60cm	60 ～ 80cm
枝条	柔软，下垂	硬，直立
叶	坚纸质	纸质
花	大，8 ～ 10cm	小，5 ～ 6cm
花色	桃红色	紫色
雄蕊	瓣化	5 未瓣化
雌蕊	绿色	紫色
冠裂片	12 ～ 14，花瓣无斑点	5，花瓣有斑点
花形	似茶花，花瓣似菊花	套筒
萼片	萼片小，绿色	瓣化，紫色

‘娇艳杜鹃’适宜栽植于热带北源和亚热带以及温带大多数地区，适宜温度在 25 ～ 30℃，湿度 70% ～ 80% 以及 30% 的荫蔽度下生长。适宜的生长的土壤为富含有机质的腐殖土，pH 5 ～ 6.5。

桃花镶玉

（芍药属）

联系人：成仿云　地址：北京市海淀区清华东路35号
电话：010-62338027　国家：中国

申请日：2005–10–12
申请号：20050052
品种权号：20070029
授权日：2007–09–07
授权公告号：第0713号
授权公告日：2007–10–16
品种权人：北京林业大学
培育人：成仿云

品种特征特性：‘桃花镶玉’是以传统紫斑牡丹（品种名称不详）为亲本，自然授粉条件下收集种子播种，4～5年开花后，初选出优良单株，通过分株复选获得。‘桃花镶玉’为落叶灌木；花复色，花瓣中间大部分深粉色，瓣缘一圈白色；单瓣花型，花瓣质地厚且多皱，基部色斑黑色、形状多变（菱形、扇形等）；花头直立，花径中等；雌、雄蕊正常，花丝白，花药金黄，柱头黄白色；房衣半包，淡黄色；中型长叶，叶色深绿，小叶15枚，柄凹紫红；植株直立，长势强，嫩枝长，花繁，淡香，花期中偏晚。‘桃花镶玉’的花瓣质地厚且多皱，花瓣中央粉红色，边缘一圈白色，长势强，嫩枝较长。近似品种‘日月同辉’的花瓣质地较厚，较为平展，花瓣红白相间，长势一般，嫩枝较短。‘桃花镶玉’喜肥忌水，喜微酸性土壤。

祥云

（芍药属）

联系人：成仿云　地址：北京市海淀区清华东路35号
电话：010-62338027　国家：中国

申请日：2005-10-12
申请号：20050053
品种权号：20070030
授权日：2007-09-07
授权公告号：第0713号
授权公告日：2007-10-16
品种权人：北京林业大学
培育人：成仿云

品种特征特性：‘祥云’属于芍药科芍药属紫斑牡丹种，落叶灌木；花乳黄色，皇冠形；花头直立，花径中等；外花瓣舒展、平伸，瓣缘平滑，瓣基色斑中等大小、紫红色、卵圆形，斑缘整齐；内瓣宽阔整齐，腰瓣较小，心瓣宽大；花药残存，花丝白色；雌蕊微显，心皮正常，房衣白色、残存，柱头乳黄色；植株直立，长势强，嫩枝长；小型圆叶，叶柄斜伸，叶色浅绿，小叶稍卷、数量少；花浓香，花期中晚，结实。该品种花色乳黄，质地细腻，花冠整齐匀称，具有独特气质和韵味；花香浓、丰花等特点，使其成为上乘之品。‘祥云’的花色乳黄，花瓣质地细腻，花冠整齐匀称，皇冠形，花香浓，丰花性强；近似品种‘象牙白’的花淡黄色，花瓣质地一般，花形不稳定，花香淡，丰花性差。一致性和稳定性：‘祥云’从2000年到2004年，通过连续5年的嫁接繁殖，对嫁接苗的一致性和稳定性观察，没有发现继续分离、变异和突变的现象，其主要特征特性已经保持一致和稳定。

高原圣火

（芍药属）

联系人：成仿云　地址：北京市海淀区清华东路35号
电话：010-62338027　国家：中国

申请日：2005－10－12
申请号：20050054
品种权号：20070031
授权日：2007－09－07
授权公告号：第0713号
授权公告日：2007－10－16
品种权人：北京林业大学
培育人：成仿云

品种特征特性：‘高原圣火’属于芍药科紫斑牡丹种（*Paeonia rockii*），落叶灌木；花鲜红色，荷花形、菊花形；花头直立，花径大或者中偏大；花斑基本色斑大、棕红色、近圆形或长椭圆形稍透背，瓣缘辐射状，瓣背中白肋明显；雄蕊少数、藏金，花丝白色，或雄蕊退化、仅残存花丝；心皮正常，房衣半包、深红紫色，柱头红色；大型圆叶，叶色深绿，小叶偏小；植株直立，长势强，嫩枝长，花繁，淡香；花期中偏晚。特异性：‘中原圣火’的嫩枝长，花形为荷花形和菊花形，花鲜红色，较纯，花期偏晚；近似品种‘红莲’的嫩枝较短，花形为荷花形，花红色，瓣缘颜色变白变浅，花期中。一致性：‘高原圣火’的各种性状，包括花色、花形、花期以及枝长度等，在繁殖群体的各植株中表现一致。稳定性：‘高原圣火’从2000年到2004年，通过连续5年嫁接繁殖，观察发现嫁接苗没有分离、变异和突变的现象，其主要特征性已经保持稳定一致。

傲霜

（牡丹）

联系人：成仿云　地址：北京市海淀区清华东路35号
电话：010-62338027　国家：中国

申请日：2005–10–12
申请号：20050055
品种权号：20070032
授权日：2007–09–07
授权公告号：第0713号
授权公告日：2007–10–16
品种权人：北京林业大学
培育人：成仿云、赵弟轩

品种特征特性：‘傲霜’是在8年生牡丹实生苗（品种名称不详）中发现的具有晚秋开花特性的变异单株（次年春季再次正常开花），通过分株选育获得。‘傲霜’为落叶灌木；花皇冠形，秋花菊花形、托桂形或皇冠形；花蕾圆形，花粉红色；花径18cm×8cm，秋花径16cm×5cm；雄蕊无规则瓣化，瓣间常残留正常雄蕊或退化雄蕊；雌蕊正常，有退化变小现象；树型中高，半开展；花梗较长，花朵侧开；中型圆叶，深绿色，小叶长卵圆形或倒长卵形，端突尖，边缘上卷，缺刻少；晚秋顶花芽萌发开花，时有第二花芽萌发开花现象；春季多为第二花芽或第三花芽开花，春、秋两季均丰花；萌蘖力强，生长旺盛。与近似品种‘娃娃面’比较，傲霜为春、秋二次开花。‘娃娃面’为一次开花。‘傲霜’喜肥忌水、喜微酸性土壤。

菲丝文茜(FISVINCI)

（大戟属）

联系人：宋晓辉　地址：北京菲舍德亚花卉种苗有限公司 中国北京霄云路28号华园大厦2606室
电话：86-10-64627538/86-10-64627598　国家：德国

申请日：2003-7-29
申请号：20030021
品种权号：20070033
授权日：2007-12-13
授权公告号：第0716号
授权公告日：2007-12-14
品种权人：弗劳拉诺娃普夫兰森股份有限公司（FLORA-NOVA Pflanzen GmbH）
培育人：凯撒瑞纳·赞尔

品种特征特性：'菲丝文茜'（FISVINCI）是采用母本编号为"No.90-602-1"的杂种实生苗，父本编号为"No.90-502-1"的杂种实生苗进行杂交试验而获得的。该品种植株大小中等，分枝中至多，结构紧凑；苞片橙红色至粉红色，具粉红色小斑点，色调稳定，不易褪色，苞片较大，裂片明显，表面光滑；叶片暗绿色，三角形或卵形，叶基急尖，裂片明显，中等大小；始花晚。与对照品种'蜜糖菲丝珂'（FISCOR CANDY）相比，'菲丝文茜'（FISVINCI）苞片颜色较深，裂片明显，始花时间至少比'蜜糖菲丝珂'晚一周。该品种喜温湿、光照和肥沃通气的中至微酸性沙壤土，生长适温为18 ~ 27℃，冬季温室温度不能低于15℃。

玫波勒斯(Meibuleux)

（蔷薇属）

联系人：Helene Jourdan,杨启坤　地址：法国雷鲁森省，坎莱特莫莱斯市，圣安德鲁
电话：33-494-500325/479829/13888337754　国家：法国

申请日：2004-6-28
申请号：20040006
品种权号：20070034
授权日：2007-12-13
授权公告号：第0716号
授权公告日：2007-12-14
品种权人：法国玫岚国际公司（Meilland International S.A., France）
培育人：阿兰·安东尼·玫岚（Alain, Antoine Meilland）

品种特征特性：该品种是以Korcilmo为母本，Meirolange×Meigomon为父本杂交选育获得。该品种为窄灌型，株高低到中；枝有刺，枝刺下部形状平伏，短刺数量极少；长刺数量中到多；叶片大，叶色中绿（首花时），叶表光泽度中；小叶边缘波状弱；开花数量极少，花的类型为重瓣；花形俯视呈星状，花瓣数少到中，花径中，花瓣内瓣基部无斑点、中部与边缘颜色为浅粉（RHS 50D），外瓣中部和边缘颜色粉中带绿（RHS 56D），外瓣基部无斑点；花瓣边缘反卷中到强，瓣缘波状弱。花丝粉色；对照品种玫派里那兹花瓣外瓣中部和边缘颜色为淡粉色（RHS 49D）。玫波勒斯适宜一般温室条件下栽培生产。

科斯瑞德(KORSERED)

（蔷薇属）

联系人：威廉科德斯　地址：德国汉堡，Klein Offenseth-Sparrieshoop Rosenstr.54
电话：+49-4121-48700/+49-4121-84745　国家：德国

申请日：2004-7-16
申请号：20040009
品种权号：20070035
授权日：2007-12-13
授权公告号：第0716号
授权公告日：2007-12-14
品种权人：德国科德斯月季育种公司（W.Kordes' Sohne）
培育人：威廉科德斯(Wilhelm Kordes)

品种特征特性：杂交茶香月季（Hybrid tea roses，HT）品种‘科斯瑞德’（KORSERED）是由母本为（Lorena × Champagner），父本为White Serenade杂种实生苗杂交获得的。该品种的特异性表现是自然分枝；暗粉红色和轻度反卷的花瓣；浅绿至中绿色的中等大小叶子；茎的强度和均一度高于其他红花色品种；成品寿命长。与对照品种‘斯派克斯’（SPEKES）相比，‘科斯瑞德’的花瓣更显暗红色，花大，仅有中等波纹。两个品种的叶形相似，但申请品种的叶子较大，比对照品种稍光滑，稍显绿色。与相似品种比，‘科斯瑞德’的茎更呈铁丝状，坚硬，均一。其质量优于其他红色品种。‘科斯瑞德’适合于温室栽培。

科斯拉斯(KORISLAS)

（蔷薇属）

联系人：威廉科德斯　地址：德国汉堡，Klein Offenseth-Sparrieshoop Rosenstr.54
电话：+49-4121-48700/+49-4121-84745　国家：德国

申请日：2004－7－16
申请号：20040011
品种权号：20070036
授权日：2007－12－13
授权公告号：第0716号
授权公告日：2007－12－14
品种权人：德国科德斯月季育种公司（W.Kordes' Sohne）
培育人：威廉科德斯(Wilhelm Kordes)

品种特征特性：杂交茶香月季（Hybrid tea roses，HT）品种‘科斯拉斯’（KORISLAS）是由母本为JACREDI，父本为KORLIMIT杂种实生苗杂交获得的。该品种的特异性表现是自然分枝；深红色和中等反卷的花瓣，有很弱的波纹；中等大小的绿色叶子；茎的强度、长度和均一度高于其他红花色品种；成品寿命长。与对照品种‘斯派克斯’（SPEKES）相比，申请品种的花瓣颜色更均一，花更大，仅有中等反卷；花为接近圆形的不规则形状；两个品种的叶色相似，但‘科斯拉斯’的叶子光滑程度不如对照品种；与对照品种比，‘科斯拉斯’的茎更呈铁丝状，坚硬，且长很多；其质量优于其他红色品种。‘科斯拉斯’适合于温室栽培。

科黑格高(KORHIGEGO)

（蔷薇属）

联系人：威廉科德斯　地址：德国汉堡，Klein Offenseth-Sparrieshoop Rosenstr.54
电话：+49-4121-48700/+49-4121-84745　国家：德国

申请日：2004–7–16
申请号：20040012
品种权号：20070037
授权日：2007–12–13
授权公告号：第0716号
授权公告日：2007–12–14
品种权人：德国科德斯月季育种公司（W.Kordes' Sohne)
培育人：威廉科德斯(Wilhelm Kordes)

品种特征特性：杂交茶香月季（Hybrid tea roses，HT）品种‘科黑格高’（KORHIGEGO）是利用突变体枝条的切穗进行无性扩繁获得的。该品种的特异性表现是自然分枝；浅黄色和轻度反卷的花瓣；中等大小的暗绿色叶子；茎的强度和均一度高于其他同类品种；成品寿命长。与对照品种‘科马库斯’（KORMARCUS）相比，‘科黑格高’的花瓣更显浅黄色，无红色边缘，花朵更呈圆形。两个品种的叶形相似，但申请品种的叶子比对照品种更有光泽、更明亮；‘科黑格高’的自然分枝能力更强。与相似品种比，‘科黑格高’的茎呈铁丝状，更坚硬，均一。其质量优于其他黄色花品种。‘科黑格高’适合于温室栽培。

科勒拉(KOROLESOLA)

（蔷薇属）

联系人：威廉科德斯　地址：德国汉堡，Klein Offenseth-Sparrieshoop Rosenstr.54
电话：+49-4121-48700/+49-4121-84745　国家：德国

申请日：2004-7-16
申请号：20040014
品种权号：20070038
授权日：2007-12-13
授权公告号：第0716号
授权公告日：2007-12-14
品种权人：德国科德斯月季育种公司（W.Kordes' Sohne)
培育人：威廉科德斯(Wilhelm Kordes)

品种特征特性：杂交茶香月季（Hybrid tea roses，HT）品种‘科勒拉’（KOROLESOLA）是由母本为Taneselbon，父本为科德斯公司培育的一个未命名的实生苗杂交获得的。该品种的特异性表现是自然分枝；双色花，花瓣轻度反卷，花瓣主色为白色，边缘为红色；中等大小的浅绿至中绿色叶子；茎的强度和均一度高于其他粉红花色品种；成品寿命长。与对照品种‘科玛高若’（KORMAGORO）相比，‘科勒拉’的花瓣颜色显得更白，花朵更小。从顶部看，‘科勒索拉’（KOROLESOLA）呈不规则圆形。两个品种的叶形相似，但‘科勒拉’的叶子比对照品种小且更显亮绿色，茎更呈铁丝状，坚硬，均一；‘科勒拉’的质量优于其他双色品种。‘科勒拉’适合于温室栽培。

科绰菲(KORTRAUPFI)

（蔷薇属）

联系人：威廉科德斯　地址：德国汉堡，Klein Offenseth-Sparrieshoop Rosenstr.54
电话：+49-4121-48700/+49-4121-84745　国家：德国

申请日：2004-7-16
申请号：20040015
品种权号：20070039
授权日：2007-12-13
授权公告号：第0716号
授权公告日：2007-12-14
品种权人：德国科德斯月季育种公司（W.Kordes' Sohne）
培育人：威廉科德斯(Wilhelm Kordes)

品种特征特性：杂交茶香月季（Hybrid tea roses，HT）品种‘科绰菲’（KORTRAUPFI）是由母本为Dream，父本为Peach Melba杂种实生苗杂交获得的。该品种的特异性表现是自然分枝；花瓣粉红色，轻度反卷，波纹明显；叶片中等大小，绿色；茎的强度和均一度高于其他已知粉红花色品种；成品寿命长。与对照品种‘科卓珀’（KORDROPER）相比，申请品种的花瓣更显粉红色，花朵比对照品种大，仅中度反卷，‘科卓珀’（KORDROPER）的花瓣呈不规则反卷，从顶部看，花呈星形；‘科绰菲’（KORTRAUPFI）为圆形。两个品种的叶色相似，但‘科绰菲’的叶子比对照品种更接近卵形，光滑度较低。与相似品种比，‘科绰菲’的茎更呈铁丝状，坚硬，较长。‘科绰菲’的质量优于其他粉红色品种。‘科绰菲’适合于温室栽培。

科瑞克(KORTUREK)

（蔷薇属）

联系人：威廉科德斯　地址：德国汉堡，Klein Offenseth-Sparrieshoop Rosenstr.54
电话：+49-4121-48700/+49-4121-84745　国家：德国

申请日：2004-7-16
申请号：20040016
品种权号：20070040
授权日：2007-12-13
授权公告号：第0716号
授权公告日：2007-12-14
品种权人：德国科德斯月季育种公司（W.Kordes' Sohne)
培育人：威廉科德斯(Wilhelm Kordes)

品种特征特性：杂交茶香月季（Hybrid tea roses，HT）新品种‘科瑞克’（KORTUREK）是由母本为Naina，父本为Limona杂种实生苗杂交获得的。该品种的特异性表现是自然分枝；花瓣白色，轻度反卷；叶子浅绿至中绿色，叶子大；茎的强度和均一度高于其他白色品种；成品寿命长。与对照品种‘科西莫’（KORCILMO）相比，‘科瑞克’的花瓣略显亮白色，花朵比对照品种大，仅中度反卷。两个品种的叶形相似，但‘科瑞克’的叶子比对照品种小，光滑度高很多；且‘科瑞克’的茎更呈铁丝状，坚硬，较长；‘科瑞克’的质量优于其他白花色品种。‘科瑞克’适合于温室栽培

科玛高若(KORMAGORO)

（蔷薇属）

联系人：威廉科德斯　地址：德国汉堡，Klein Offenseth-Sparrieshoop Rosenstr.54
电话：+49-4121-48700/+49-4121-84745　国家：德国

申请日：2004-8-25
申请号：20040022
品种权号：20070041
授权日：2007-12-13
授权公告号：第0716号
授权公告日：2007-12-14
品种权人：德国科德斯月季育种公司（W.Kordes' Sohne）
培育人：威廉科德斯(Wilhelm Kordes)

品种特征特性：杂交茶香月季（Hybrid tea roses，HT）品种‘科玛高若’（KORMAGORO）是由母本为Jazz，父本为未命名实生苗杂交获得的。‘科玛高若’花瓣红复色，中度反卷，锯齿程度中等；叶片中等至大，中绿色；茎的强度和均一度高于其他红复色品种；成品寿命长。与对照品种‘科勒拉’（KOROLESOLA）相比，‘科玛高若’花瓣的反卷程度中等，俯视呈圆形；而‘科勒拉’的花瓣反卷程度较强，俯视呈不规则圆形至星形。两品种的叶色相似，但‘科玛高若’的叶子较圆，叶缘锯齿较明显，且茎更呈铁丝状，坚硬。‘科玛高若’适合于温室栽培。

科丽吉尔(KORLIGEL)

（蔷薇属）

联系人：威廉科德斯　地址：德国汉堡，Klein Offenseth-Sparrieshoop Rosenstr.54
电话：+49-4121-48700/+49-4121-84745　国家：德国

申请日：2004–08–25
申请号：20040023
品种权号：20070042
授权日：2007–12–13
授权公告号：第0716号
授权公告日：2007–12–14
品种权人：德国科德斯月季育种公司（W.Kordes' Sohne)
培育人：威廉科德斯(Wilhelm Kordes)

品种特征特性：杂交茶香月季（Hybrid tea roses，HT）品种‘科丽吉尔’（KORLIGEL）是由母本——未命名实生苗，父本——Texas × 未知实生苗，经杂交获得的。‘科丽吉尔’花瓣黄色，中度反卷，边缘锯齿程度弱；叶子规格小至中，浅至中绿色，表面很光滑；茎的强度、长度和均一度高于其他黄色品种；成品寿命长。与对照品种‘科诺奥’（KORANUL）相比，‘科丽吉尔’的花瓣颜色为更浅的黄色，花朵较大，花瓣的反卷程度弱于对照品种，边缘起伏程度较弱，俯视呈星形；而对照品种的花俯视呈不规则圆形。两个品种的叶形相似，但‘科丽吉尔’的叶子较小，更光滑；茎更呈铁丝状，坚硬，长很多。‘科丽吉尔’适合于温室栽培。

科卓轮(KORJULON)

（蔷薇属）

联系人：威廉科德斯　地址：德国汉堡，Klein Offenseth-Sparrieshoop Rosenstr.54
电话：+49-4121-48700/+49-4121-84745　国家：德国

申请日：2004-08-25
申请号：20040024
品种权号：20070043
授权日：2007-12-13
授权公告号：第0716号
授权公告日：2007-12-14
品种权人：德国科德斯月季育种公司（W.Kordes' Sohne）
培育人：威廉科德斯(Wilhelm Kordes)

品种特征特性：杂交茶香月季（Hybrid tea roses，HT）品种‘科卓轮’（KORJULON）是由母本为KO 950390-03的未命名实生苗，父本为Papillon杂种实生苗杂交获得的。‘科卓轮’花瓣淡橙黄色，中度反卷；叶子规格中等至大，中绿色；茎的强度、长度和均一度高于其他黄色品种；成品寿命长。与对照品种‘科布若卡夫’（KORBLEKAF）相比，‘科卓轮’的花瓣为淡橙黄色，花朵较大，颜色均一度较高。两个品种的叶形相似，但‘科卓轮’的叶子为中绿色，光滑度较高；茎更呈铁丝状，坚硬。‘科卓轮’适合于温室栽培。

杜乐格丽(DUEUROGLORY)

（大戟属）

联系人：玛格·都门（Marga Dümmen） 地址：德国北威州莱茵贝格市Dammweg 18-20
电话：+49-2843-92990/+49-2843-3171 国家：德国

申请日：2005－1－13
申请号：20050006
品种权号：20070044
授权日：2007－12－13
授权公告号：第0716号
授权公告日：2007－12－14
品种权人：玛格·都门（Marga Dümmen）
培育人：玛格·都门

品种特征特性：‘杜乐格丽’是母本95.752.7，父本F－06－17的杂交后代。‘杜乐格丽’苞片单色苞片且数量为中，苞片上部颜色为暗紫红色，头3朵杯状聚伞花序开花时间居中。与对照品种‘Red Fox 2048’相比：‘杜乐格丽’苞片单色苞片数量少于‘Red Fox 2048’，苞片上部颜色为暗紫红色，而‘Red Fox 2048’苞片上部颜色为红色。‘杜乐格丽’头3朵杯状聚伞花序开花时间居中，而‘Red Fox 2048’头3朵杯状聚伞花序开花时间晚。‘杜乐格丽’适合于温室栽培。

坦克萨莫(Tanxam)

（蔷薇属）

联系人：Thomas Loffler，郁书君　地址：德国尤特森市，托莱斯切尔大街13号（Postfach 1344, Tornescher Weg 13,Uetersen,Germany)　电话：+49-412207084/+49-412207087/13693600224　国家：德国

申请日：2005-1-5
申请号：20050008
品种权号：20070045
授权日：2007-12-13
授权公告号：第0716号
授权公告日：2007-12-14
品种权人：德国罗森坦图玛蒂亚斯坦图纳切夫公司（Rosen Tantau, Mathias Tantau Nachf）
培育人：汉斯 朱尔根 埃维尔斯(Hans Jurgen Evers)

品种特征特性：‘坦克萨莫’是以白花的茶香月季RT77713为母本、用花大、茎长的茶香月季RT8192作父本杂交选育而成。‘坦克萨莫’叶片颜色中到深绿（首花时）、叶表光泽度弱到中，小叶横截面平、边缘波状弱，顶端小叶长度中、宽度中、基部圆形；开花数量极少，花梗绒毛或皮刺中到多，花芽纵切面卵圆形，花的类型为重瓣：花瓣数中、花径小到中、俯视呈圆形、侧观上部平、下部凹形，香味极淡；萼片伸出部分强。花瓣内瓣基部无斑点，内瓣中部颜色RHS10C、边缘颜色淡黄；外瓣中部颜色RHS 19B、36D，边缘颜色RHS 36D。与近似品种‘RT8192’相比较，‘坦克萨莫’叶片颜色中到深绿（首花时）、叶表光泽度弱到中；近似品种‘RT8192’叶片颜色浅绿到中（首花时）、叶表光泽度中。‘坦克萨莫’适宜各种条件下的温室（保护地）栽培，采用常规的商业化生产管理方式栽培。

坦纳礼品(Tanalepin)

（蔷薇属）

联系人：Thomas Loffler，郁书君　地址：德国尤特森市，托莱斯切尔大街13号（Postfach 1344, Tornescher Weg 13,Uetersen,Germany）　电话：+49-412207084/+49-412207087/13693600224　国家：德国

申请日：2005－1－5
申请号：20050009
品种权号：20070046
授权日：2007－12－13
授权公告号：第0716号
授权公告日：2007－12－14
品种权人：德国罗森坦图玛蒂亚斯坦图纳切夫公司（Rosen Tantau, Mathias Tantau Nachf）
培育人：汉斯 朱尔根 埃维尔斯(Hans Jurgen Evers)

品种特征特性：‘坦纳礼品’是从‘坦纳礼得福’(Tanaledev)上发现的突变，对获得的突变体进行芽接的繁殖方式选育而成的。‘坦纳礼品’叶片颜色淡绿到中（首花时）、叶表光泽度弱到中，小叶横截面平、边缘波状弱，顶端小叶基部圆形；开花数量中，花梗绒毛或皮刺少到中，花芽纵切面卵圆形，花的类型为半重瓣：花瓣数少、花径中、俯视呈星形、侧观上部平凸、下部平凸形，香味淡；萼片伸出部分中。花瓣颜色蓝粉。与近似品种‘坦纳礼得福’相比较，‘坦纳礼品’花瓣颜色蓝粉，内瓣中部颜色粉，近似品种‘坦纳礼得福’花瓣颜色绿白，内瓣中部颜色白。‘坦纳礼品’适宜各种条件下的温室（保护地）栽培，采用常规的商业化生产管理方式栽培。

坦00111(Tan 00111)

（蔷薇属）

联系人：Thomas Loffler，郁书君　地址：德国尤特森市，托莱斯切尔大街13号（Postfach 1344, Tornescher Weg 13,Uetersen,Germany）电话：+49-412207084/+49-412207087/010-89896630 国家：德国

申请日：2005-3-31
申请号：20050017
品种权号：20070047
授权日：2007-12-13
授权公告号：第0716号
授权公告日：2007-12-14
品种权人：德国罗森坦图玛蒂亚斯坦图纳切夫公司（Rosen Tantau, Mathias Tantau Nachf）
培育人：汉斯 朱尔根 埃维尔斯(Hans Jurgen Evers)

品种特征特性：‘坦00111’是以白色的大花茶香月季品种‘RT96324H.T.’为母本、用‘Tandrib’作父本杂交选育而成。植株窄灌型，株形紧密，株高在60～150cm之间；萼片呈卵状披针形，花朵类型为重瓣，花朵直径中，花朵主色为薰衣草蓝色，每茎一花，属单花品种类型；花朵形状属典型杯状花形，花瓣外部和内瓣颜色薰衣草蓝色；花朵的纵径长度中。与近似品种‘坦98485’相比较，‘坦00111’萼片呈卵状披针形，花朵主色为薰衣草蓝色；近似品种‘坦98485’萼片呈尖卵形，花朵主色为蓝粉色。该品种适宜一般温室条件下栽培生产。

坦00146(Tan 00146)

（蔷薇属）

联系人：Thomas Loffler，郁书君 地址：德国尤特森市，托莱斯切尔大街13号（Postfach 1344, Tornescher Weg 13,Uetersen,Germany）电话：+49-412207084/+49-412207087/010-89896630 国家：德国

申请日：2005-3-31
申请号：20050018
品种权号：20070048
授权日：2007-12-13
授权公告号：第0716号
授权公告日：2007-12-14
品种权人：德国罗森坦图玛蒂亚斯坦图纳切夫公司（Rosen Tantau, Mathias Tantau Nachf）
培育人：汉斯 朱尔根 埃维尔斯（Hans Jurgen Evers）

品种特征特性：‘坦00146’是以双色的、瓶插寿命长的中花茶香月季品种‘RT92103H.T.’为母本、用中花茶香月季品种‘RT9153H.T.’作父本杂交选育而成。植株窄灌型，株形紧密，株高在60～150cm之间；花朵类型为重瓣，花朵直径中，花朵主色为橙红，外花瓣中间杂有黄、橙二色，每茎一花，属单花品种类型；花朵形状属典型杯状花形，花瓣外部和内瓣红色、均间杂有黄、橙二色；花朵的纵径长度中。与近似品种‘坦01606’相比较，‘坦00146’花朵主色为橙红，外花瓣中间杂有黄、橙二色；近似品种‘坦01606’花朵主色为红色，外花瓣黄色、外缘渐红。该品种适宜一般温室条件下栽培生产。

坦00151(Tan 00151)

（蔷薇属）

联系人：Thomas Loffler，郁书君 地址：德国尤特森市，托莱斯切尔大街13号（Postfach 1344, Tornescher Weg 13,Uetersen,Germany） 电话：+49-412207084/+49-412207087/010-89896630 国家：德国

申请日：2005-3-31
申请号：20050019
品种权号：20070049
授权日：2007-12-13
授权公告号：第0716号
授权公告日：2007-12-14
品种权人：德国罗森坦图玛蒂亚斯坦图纳切夫公司（Rosen Tantau, Mathias Tantau Nachf）
培育人：汉斯 朱尔根 埃维尔斯(Hans Jurgen Evers)

品种特征特性：‘坦00151’是以黄色的大花茶香月季品种‘RT84082H.T.’为母本、用黄色长梗高产的茶香品种‘RT97126H.T.’作父本杂交选育而成。叶片颜色中绿（首花时）、叶表光泽度中，小叶截面平、边缘波状极弱到弱，顶端小叶基部圆形；开花数量中，花梗绒毛或皮刺数中到多，花芽纵切面卵形，花的类型为重瓣；花瓣数少到中、花径中、俯视呈星形、侧观上部呈平凸形、下部形状平，香味弱；萼片伸出部分中到强。花瓣主色为橙黄色，内瓣中部颜色13A ~ 14A、边缘颜色介于RHS14A ~ 14B之间，内瓣基部无斑点；外瓣中部颜色RHS13A、边缘颜色为13B，外瓣基部无斑点；花瓣边缘反卷强、瓣缘波状极弱到弱，花丝主色橙。与近似品种‘坦00413’相比较，‘坦00151’叶片颜色中绿（首花时），花瓣数少到中；近似品种‘坦00413’叶片颜色褐绿（首花时），花瓣数中。该品种适宜一般温室条件下栽培生产。

坦00163(Tan 00163)

（蔷薇属）

联系人：Thomas Loffler，郁书君　地址：德国尤特森市，托莱斯切尔大街13号（Postfach 1344, Tornescher Weg 13,Uetersen,Germany）电话：+49-412207084/+49-412207087/010-89896630　国家：德国

申请日： 2005－3－31
申请号： 20050020
品种权号： 20070050
授权日： 2007－12－13
授权公告号： 第0716号
授权公告日： 2007－12－14
品种权人： 德国罗森坦图玛蒂亚斯坦图纳切夫公司（Rosen Tantau, Mathias Tantau Nachf）
培育人： 汉斯 朱尔根 埃维尔斯（Hans Jurgen Evers）

品种特征特性： ‘坦00163’是以古铜色、具有香气的品种‘RT78012 H.T.’为母本、用橙色的品种‘RT82143 H.T.’作父本杂交选育而成。叶片颜色中绿（首花时）、叶表光泽度中，小叶截面平、边缘波状弱，顶端小叶基部圆形；开花数量少，花梗绒毛或皮刺数中，花芽纵切面卵形，花的类型为重瓣；花瓣数多、花径中到大、俯视呈星形、侧观上部呈平凸形、下部形状平，香味弱；萼片伸出部分强到极强。花瓣主色为橙色，内瓣中部颜色淡橙（RHS24A）、边缘颜色介于RHS49A～49B之间，内瓣基部有斑点、斑点颜色RHS5B；外瓣中部颜色淡橙粉（RHS22B）、边缘颜色在RHS49A～49B之间，外瓣基部无斑点。与近似品种‘坦01221’相比较，‘坦00163’花瓣数多、花径中到大，花瓣主色为橙色；近似品种‘坦01221’花瓣数中、花径中，花瓣主色为橙红色。该品种适宜一般温室条件下栽培生产。

坦00370(Tan 00370)

（蔷薇属）

联系人：Thomas Loffler，郁书君 地址：德国尤特森市，托莱斯切尔大街13号（Postfach 1344, Tornescher Weg 13,Uetersen,Germany） 电话：+49-412207084/+49-412207087/010-89896630 国家：德国

申请日：2005-3-31
申请号：20050021
品种权号：20070051
授权日：2007-12-13
授权公告号：第0716号
授权公告日：2007-12-14
品种权人：德国罗森坦图玛蒂亚斯坦图纳切夫公司（Rosen Tantau, Mathias Tantau Nachf）
培育人：汉斯 朱尔根 埃维尔斯（Hans Jurgen Evers）

品种特征特性：‘坦00370’是以黄色的中花茶香月季品种‘RT92140H.T.’为母本、用大花、瓶插寿命长的粉色茶香月季品种‘RT87321H.T.’作父本杂交选育而成。植株窄灌型，株形紧密，株高在60～150cm之间；花朵类型为重瓣，花朵直径大，花朵主色为白至黄白，属单花品种类型；花朵形状属典型杯状花形，花瓣外部和内瓣均呈黄白色；花朵的纵径长度中。与近似品种‘坦99552’相比较，‘坦00370’花朵直径大，花朵主色为白至黄白；近似品种‘坦99552’花朵直径小到中，花朵主色为橙粉色。该品种适宜一般温室条件下栽培生产。

坦01693(Tan 01693)

（蔷薇属）

联系人：Thomas Loffler，郁书君 地址：德国尤特森市，托莱斯切尔大街13号（Postfach 1344, Tornescher Weg 13,Uetersen,Germany) 电话：+49-412207084/+49-412207087/010-89896630 国家：德国

申请日：2005-3-31
申请号：20050022
品种权号：20070052
授权日：2007-12-13
授权公告号：第0716号
授权公告日：2007-12-14
品种权人：德国罗森坦图玛蒂亚斯坦图纳切夫公司（Rosen Tantau, Mathias Tantau Nachf）
培育人：汉斯 朱尔根 埃维尔斯(Hans Jurgen Evers)

品种特征特性：‘坦01693’是以橙色品种‘RT82143’为母本、用长梗的铜黄色品种‘RT96130.’作父本杂交选育而成。植株窄灌型，株形紧密，株高在60～150cm之间；花朵类型为重瓣，花朵直径大，花朵主色为黄、间杂有粉红花色，每茎一花，属单花品种类型；花朵形状属典型杯状花形，花瓣外部颜色桃红、内瓣色橙黄；花朵的纵径长度长。与近似品种‘坦纳维尔’相比较，‘坦01693’花朵主色为黄、间杂有粉红花色，花朵的纵径长度长；近似品种‘坦纳维尔’花朵主色为橙黄，花朵的纵茎长度中到长。该品种适宜一般温室条件下栽培生产。

坦98399(Tan 98399)

（蔷薇属）

联系人：Thomas Loffler，郁书君 地址：德国尤特森市，托莱斯切尔大街13号（Postfach 1344, Tornescher Weg 13,Uetersen,Germany） 电话：+49-412207084/+49-412207087/010-89896630 国家：德国

申请日：2005－3－31
申请号：20050026
品种权号：20070053
授权日：2007－12－13
授权公告号：第0716号
授权公告日：2007－12－14
品种权人：德国罗森坦图玛蒂亚斯坦图纳切夫公司（Rosen Tantau，Mathias Tantau Nachf）
培育人：汉斯 朱尔根 埃维尔斯(Hans Jurgen Evers)

品种特征特性：‘坦98399’是以具有良好瓶插寿命的品种‘RT94222H.T.’为母本、用白色、大花、长梗的茶香月季品种‘RT92091H.T.’作父本杂交选育而成。植株窄灌型，株高中，株幅窄；叶片颜色中绿（首花时）、叶表光泽度中，小叶截面微凹、边缘波状极弱到弱，顶端小叶基部圆形；开花数量中，花梗绒毛或皮刺数中到多，花芽纵切面卵形，花的类型为重瓣；花瓣数少、花径中、俯视呈星形、侧观上部呈平凸形、下部形状平凸，香味弱；萼片伸出部分强到极强。花瓣主色为紫红色（二色），内瓣中部颜色紫红（RHS57A～57B）、边缘颜色紫红RHS57A，内瓣基部有斑点；外瓣中部颜色乳白RHS155B、边缘颜色介于RHS66A～66B，外瓣基部无斑点；花瓣边缘反卷中到强、瓣缘波状极弱到弱，花丝主色黄。与近似品种‘坦00125’相比较，‘坦98399’花瓣主色为紫红色（二色），外瓣中部颜色乳白；近似品种‘坦00125’花瓣主色为深绒红色（二色），外瓣中部颜色金黄。该品种适宜一般温室条件下栽培生产。

坦99303(Tan 99303)

（蔷薇属）

联系人：Thomas Loffler，郁书君 地址：德国尤特森市，托莱斯切尔大街13号（Postfach 1344, Tornescher Weg 13,Uetersen,Germany) 电话：+49-412207084/+49-412207087/010-89896630 国家：德国

申请日：2005－3－31
申请号：20050027
品种权号：20070054
授权日：2007－12－13
授权公告号：第0716号
授权公告日：2007－12－14
品种权人：德国罗森坦图玛蒂亚斯坦图纳切夫公司（Rosen Tantau，Mathias Tantau Nachf）
培育人：汉斯 朱尔根 埃维尔斯(Hans Jurgen Evers)

品种特征特性：‘坦99303’是以大花、长茎品种‘RT9291H.T.’为母本、用白色大花品种‘RT85190H.T.’作父本杂交选育而成。植株窄灌型，株高中，株幅窄；叶片颜色中绿（首花时）、叶表光泽度中，小叶截面平、边缘波状中，顶端小叶基部圆形；开花数量少，花梗绒毛或皮刺数少到中，花芽纵切面卵形，花的类型为重瓣；花瓣数少到中、花径中、俯视呈不规则圆形、侧观上部呈平凸形、下部形状平，香味弱；萼片伸出部分强。花瓣主色为淡蓝粉色，内瓣中部颜色淡粉（RHS155A ～ 56D）、边缘颜色黄（RHS155B），内瓣基部无斑点；外瓣中部颜色淡蓝粉（RHS56D ～ 155A）、边缘颜色绿RHS（62A ～ 62B），外瓣基部无斑点；花瓣边缘反卷中、瓣缘波状极弱。与近似品种‘坦01687’相比较，‘坦99303’花瓣主色为粉色，外瓣泛绿；近似品种‘坦01687’花瓣主色为浅粉色、外瓣粉绿 。该品种适宜一般温室条件下栽培生产。

坦01549(Tan 01549)

（蔷薇属）

联系人：Thomas Loffler，郁书君 地址：德国尤特森市，托莱斯切尔大街13号（Postfach 1344, Tornescher Weg 13,Uetersen,Germany） 电话：+49-412207084/+49-412207087/010-89896630 国家：德国

申请日：2005－4－21
申请号：20050028
品种权号：20070055
授权日：2007－12－13
授权公告号：第0716号
授权公告日：2007－12－14
品种权人：德国罗森坦图玛蒂亚斯坦图纳切夫公司（Rosen Tantau，Mathias Tantau Nachf）
培育人：汉斯 朱尔根 埃维尔斯（Hans Jurgen Evers）

品种特征特性：‘坦01549’是授粉杂交选育而成。植株窄灌型，株高中，株幅窄；叶片颜色中绿（首花时）、叶表光泽度中，小叶截面微凹、边缘波状极弱到弱，顶端小叶基部圆形；开花数量中，花梗绒毛或皮刺数中到多，花芽纵切面卵形，花的类型为重瓣；花瓣数少、花径中、俯视呈星形、侧观上部呈平凸形、下部形状平凸，香味弱；萼片伸出部分强到极强。花瓣主色为红，内瓣中部颜色紫红（RHS57A ～ 57B）、边缘颜色紫红（RHS57A），内瓣基部有斑点；外瓣中部颜色RHS155B、边缘颜色介于RHS66A ～ 66B，外瓣基部无斑点；花瓣边缘反卷中到强、瓣缘波状弱，花丝主色红。与近似品种‘坦99531’相比较，‘坦01549’花瓣主色为红，花茎长度较短；近似品种‘坦99531’花瓣主色红色稍暗，花茎长度中。该品种适宜一般温室条件下栽培生产。

西比亚司(SCHUBIAX)

（蔷薇属）

联系人：袁向阳　地址：北京兰中农商技术开发中心 中国北京市海淀区清河四街南口一号
电话：010-62345148/62936317　国家：荷兰

申请日：2005-7-6
申请号：20050040
品种权号：20070056
授权日：2007-12-13
授权公告号：第0716号
授权公告日：2007-12-14
品种权人：皮特 · 西吕厄斯控股公司（Piet Schreurs Holding B.V.）
培育人：皮特鲁斯 · 尼古拉斯 · 约翰内斯 · 西吕厄斯

品种特征特性：‘西比亚司’是由母本为一株名为PSR4217的实生苗，父本是一株名为S124的实生苗杂交获得的。‘西比亚司’为中花型，瓶插寿命10～12天以上，花橙色间有黄色，花朵开放缓慢，有50～57个花瓣，花在8 ℃下干式运输4天开放期变化不大，直立性生长旺盛，平均枝条长度50～70cm，具大量的刺。花色：‘西比亚司’花瓣内侧中部为黄色（RHS 12A～13A），‘西尼爱特’为橙色（RHS N 30B）；‘西比亚司’花瓣内侧边缘为橙红色（RHS N 30A～N 30B），‘西尼爱特’为红色（RHS 45A～46A），中间变为从橙到紫红色（RHS 58B～58C）直到红色（RHS 45A～46A）；‘西比亚司’花瓣外侧中部为黄色（RHS 7A），‘西尼爱特’为黄色（RHS 5 C）带红晕；‘西比亚司’花瓣外侧边缘为橙红色（RHSN30 A～N 30B），‘西尼爱特’为红色（RHS 45A），基部为更亮的黄色。颜色组：‘西比亚司’为黄色混合色（4），‘西尼爱特’为红色混合色（14）。‘西比亚司’适合于温室栽培。

喜力克拉(SCHRECLA)

（蔷薇属）

联系人：袁向阳　地址：北京兰中农商技术开发中心 中国北京市海淀区清河四街南口一号
电话：010-62345148/62936317　国家：荷兰

申请日：2005-7-6
申请号：20050041
品种权号：20070057
授权日：2007-12-13
授权公告号：第0716号
授权公告日：2007-12-14
品种权人：皮特·西吕厄斯控股公司（Piet Schreurs Holding B.V.）
培育人：皮特鲁斯·尼古拉斯·约翰内斯·西吕厄斯

品种特征特性：‘喜力克拉’（SCHRECLA）是由母本为一株名为S4310的实生苗，父本是一株名为PSR5230的实生苗杂交获得的。‘喜力克拉’为大花型，瓶插寿命9～11天；花朵开放缓慢，始花粉色，但是成熟的花表现一些橘红和黄色，具30～45个花瓣，花在8℃下干式运输4天开放阶段变化不大，直立性生长旺盛，平均枝条长度50～70cm，中等数量的刺。与近似品种‘西特洛伊’（SCHRETROJE）相比，花色：‘喜力克拉’为RHS30B（橘红），在黄色背景下带橘红色。新生的花更显橙色，成熟的花很快褪为浅黄色，‘西特洛伊’为RHS12A黄色，花开老了变为RHS8D，外部花瓣发绿；颜色组：‘喜力克拉’为橙色和橙色混合色（6），‘西特洛伊’中黄；花朵：从上面看，‘喜力克拉’为星形（3），‘西特洛伊’为圆形（1）。‘喜力克拉’适合于温室栽培。

晓美(SCHORMAI)

（蔷薇属）

联系人：袁向阳　地址：北京兰中农商技术开发中心 中国北京市海淀区清河四街南口一号
电话：010-62345148/62936317　国家：荷兰

申请日：2005-7-6
申请号：20050043
品种权号：20070058
授权日：2007-12-13
授权公告号：第0716号
授权公告日：2007-12-14
品种权人：皮特·西吕厄斯控股公司（Piet Schreurs Holding B.V.）
培育人：皮特鲁斯·尼古拉斯·约翰内斯·西吕厄斯

品种特征特性：‘晓美’（SCHORMAI）是由母本为一株名为PSR3194的实生苗，父本是一株名为S6250的实生苗杂交获得的。‘晓美’为大花型，瓶插寿命10～12天以上，粉色，花朵开放缓慢，花朵有45～50个花瓣，花在8℃下干式运输4天开放阶段无变化，直立性生长旺盛，平均枝条长度70～100cm，具中等数量的刺。与近似品种‘西莱纳特’（SCHRENAT）相比，花色：‘晓美’花色在RHS55C～55D之间（粉色），‘西莱纳特’在RHS57D（玫瑰红）；枝条长度：‘晓美’为70～100cm，‘西莱纳特’为60～80cm。‘晓美’适合于温室栽培。

科纽01072(Klew 01072)

（大戟属）

联系人：英格里德 斯朗根（Ingrid Slangen） 地址：德国斯图加特市，汉菲克尔大街10号（Hanfaecker 10,70378 Stuttgart,Germany） 电话：+49-711-95325-0/+49-711-95325-36 国家：德国

申请日：2005-7-29
申请号：20050045
品种权号：20070059
授权日：2007-12-13
授权公告号：第0716号
授权公告日：2007-12-14
品种权人：尼尔斯·科勒姆（Nils Klemm）
培育人：尼尔斯·科勒姆（Nils Klemm）

品种特征特性：‘科纽01072’于1997年杂交（L52×不知名的品种资源），1998年嫁接杂种一代苗并进行筛选试验；随后每年都进行株系选优，以确保该新品种的遗传稳定性。‘科纽01072’的主要性状特征表现为：苞叶：有双色苞叶，单色苞叶数量少到中，双色苞叶数量中到多，苞叶间距长，表面颜色红到暗紫红（RHS45A/53B），边缘与中部颜色相比近似，背面颜色暗粉红（RHS53C/D），边缘缺刻无，卷曲无，扭曲无，折曲无，脉间皱叠无；最大苞叶：长度（含叶柄）短，宽度窄到中，基部形状近圆，形状阔椭圆。与近似品种相比较，‘科纽01072’叶片宽度窄到中，苞叶宽度窄到中，反应周期为8周。近似品种‘考特茨’叶片宽度中，苞叶宽度中，反应周期为7.5周。‘科纽01072’适宜一般温室条件下栽培生产。

科纽01073(Klew01073)

（大戟属）

联系人：英格里德 斯朗根（Ingrid Slangen） 地址：德国斯图加特市，汉菲克尔大街10号（Hanfaecker 10,70378 Stuttgart,Germany） 电话：+49-711-95325-0/+49-711-95325-36 国家：德国

申请日：2005–7–29
申请号：20050046
品种权号：20070060
授权日：2007–12–13
授权公告号：第0716号
授权公告日：2007–12–14
品种权人：尼尔斯 · 科勒姆（Nils Klemm）
培育人：尼尔斯 科勒姆(Nils Klemm)

品种特征特性：‘科纽 01073’于 1997 年杂交（L52× 不知名的品种资源），1998 年嫁接杂种一代苗并进行筛选试验；随后每年都进行株系选优，以确保该新品种的遗传稳定性。‘科纽 01073’的主要性状特征表现为：苞叶：有双色苞叶，单色苞叶数量少，双色苞叶数量中，苞叶间距短，表面颜色红（RHS45B/C），边缘与中部颜色相比近似，背面颜色暗粉红（RHS51A），边缘缺刻无，卷曲无，扭曲无，折曲无，脉间皱叠无；最大苞叶：长度（含叶柄）短，宽度窄，基部形状圆，形状阔椭圆。与近似品种相比较，‘科纽 01073’苞叶表面颜色红，背面颜色暗粉红，反应周期为 8 周。近似品种‘新千年’苞叶表面颜色亮红，背面颜色粉红，反应周期为 6.5 周。‘科纽 01073’适宜一般温室条件下栽培生产。

恩普斯威02022(NPCW02022)

（大戟属）

联系人：托马斯 洛浦勒（Thomas Loffler） 地址：德国斯图加特市，汉菲克尔大街10号（Hanfaecker 10,70378 Stuttgart,Germany） 电话：+49-41227084/+49-41227087 国家：德国

申请日：2005–07–29
申请号：20050047
品种权号：20070061
授权日：2007–12–13
授权公告号：第0716号
授权公告日：2007–12–14
品种权人：尼尔斯·科勒姆（Nils Klemm）
培育人：尼尔斯·科勒姆（Nils Klemm）

品种特征特性：'恩普斯威 02022'于 1997 年授粉杂交（S219 × K137），翌年，即对杂种一代苗进行单株选优和试验栽培，至 1999 年，开始进行嫁接繁殖。'恩普斯威 02022'，有双色苞叶，单色苞叶数量少，双色苞叶数量中，苞叶间距短，表面颜色红，边缘与中部颜色相比近似，背面颜色粉红，边缘缺刻无，卷曲无，折曲无，脉间皱叠无；最大苞叶长度短，宽度窄，基部形状圆，形状阔椭圆。与近似品种'索劳拉'相比较，'恩普斯威 02022'枝叶紧凑，苞叶表面颜色红，边缘缺刻无。近似品种'索劳拉'枝叶较松散，苞叶表面颜色呈橘红，边缘缺刻弱。'恩普斯威 02022'适宜一般温室条件下栽培生产。

克莱斯克露琪(Classic Rouge)

（杜鹃花属）

联系人：车恩图 特林科（Chantal Teirlynck） 地址：比利时王国洛克里斯底市车站街111号(Stationstraat 111,Lochrisiti,Belgium) 电话：+32-93535353/+32-93550207 国家：比利时

申请日：2005-10-14
申请号：20050056
品种权号：20070062
授权日：2007-12-13
授权公告号：第0716号
授权公告日：2007-12-14
品种权人：比利时园艺育种有限公司(HORTIBREED N.V.)
培育人：约翰·范得海根（Johan Vanderhaegen）

品种特征特性：‘克莱斯克露琪’是以‘弗瑞德海姆’为母本，以‘黛斯瑞’为父本杂交后，通过扦插方式进行无性繁殖选育获得。该品种属常绿小灌木，株高23cm；叶片革质，有光泽，成熟叶深绿色（RHS 139A ~ 189A）；花顶端丛生，半重瓣，大型花，无香味，花漏斗状，花瓣5枚，合瓣花，辐射状排列，花瓣表面暗，稍微像天鹅绒，质地光滑，波状，花瓣猩红色（RHS 57A ~ 61C），花期约6个星期。近似品种‘弗瑞德海姆’花红色（RHS 53C），中型花，叶片灰绿色、无光泽，花期2个星期。‘克莱斯克露琪’适宜于正常的温室条件，也适宜于部分露天的条件下栽培。

可丽斯汀美其客(Christine Magic)

（杜鹃花属）

联系人：车恩图 特林科（Chantal Teirlynck） 地址：比利时王国洛克里斯底市车站街111号(Stationstraat 111,Lochrisiti,Belgium) 电话：+32-93535353/+32-93550207 国家：比利时

申请日：2005–10–14
申请号：20050057
品种权号：20070063
授权日：2007–12–13
授权公告号：第0716号
授权公告日：2007–12–14
品种权人：比利时园艺育种有限公司(HORTIBREED N.V.)
培育人：约翰·范得海根（Johan Vanderhaegen）

品种特征特性：‘可丽斯汀美其客’是‘可丽斯汀·马顿’的一个天然突变体，通过扦插方式进行无性繁殖选育获得。该品种属常绿小灌木，株高20cm；叶片革质，有光泽，成熟叶深绿色（RHS 139A）；星形重瓣花，花瓣匙形，全缘，有轻微的波状；外轮花瓣长约5cm，宽度4cm，内轮花瓣长约4～5cm，宽度2～3cm，花瓣上下表面光滑，花瓣边缘颜色最深是红色（RHS 39B），中心部是带有红色火焰状的粉色（RHS 43D）；花期超过3个星期；近似品种‘可丽斯汀·马顿’是单一花色，花瓣浅橙色（RHS 48D）。‘可丽斯汀美其客’适宜于正常的温室条件，也适宜于部分露天的条件下栽培。

Christine Matton　　Christine Magic

科莱普（KORABURG）

（蔷薇属）

联系人：威廉 科德斯　地址：德国汉堡，Klein Offenseth-Sparrieshoop Rosenstr.54 D-25365
电话：+49-4121-48700/+49-4121-84745　国家：德国

申请日：2006–03–23
申请号：20060020
品种权号：20070064
授权日：2007–12–13
授权公告号：第0716号
授权公告日：2007–12–14
品种权人：德国科德斯月季育种公司（W.Kordes' Sohne)
培育人：威廉 · 科德斯(Wilhelm Kordes)

品种特征特性：‘科莱普’的母本为Acapella，父本为未知实生苗与Caramba的杂种。‘科莱普’为灌木，株高90cm，冠宽50cm；茎有皮刺；叶片为绿色，大，上表面光泽弱，小叶片的横切面平，叶缘波状曲线弱；花苞纵切面的形状为圆形至阔卵形，花朵直径大，重瓣花，花瓣中至大，亮粉色至深粉色，几乎连续开花。与近似品种‘THE QUEEN ELIZABETH ROSE’比较，‘科莱普’花色亮粉色至深粉色，‘THE QUEEN ELIZABETH ROSE’的花为浅粉色；‘科莱普’的花较大，比‘THE QUEEN ELIZABETH ROSE’更具有重瓣花特征；‘科莱普’株高90cm，‘THE QUEEN ELIZABETH ROSE’为120cm。‘科莱普’喜温湿、光照、肥沃的微酸性土壤；不耐遮荫、瘠薄、干旱和水涝，生长适温为15 ~ 25℃；可利用顶芽扦插进行无性繁殖；在夏季温度不超过30℃，冬季不低于–10℃的气候带区，可无需保护在室外栽植。

科比兰德（KORBILANT）

（蔷薇属）

联系人：威廉 科德斯　地址：德国汉堡，Klein Offenseth-Sparrieshoop Rosenstr.54 D-25365
电话：+49-4121-48700/+49-4121-84745　国家：德国

申请日：2006-03-23
申请号：20060021
品种权号：20070065
授权日：2007-12-13
授权公告号：第0716号
授权公告日：2007-12-14
品种权人：德国科德斯月季育种公司（W.Kordes' Sohne)
培育人：威廉 · 科德斯(Wilhelm Kordes)

品种特征特性：‘科比兰德’的母本为未知实生苗，父本为‘Lady Like’。‘科比兰德’为宽灌木，植株直立生长，高80cm，宽50cm；茎有皮刺；叶片为绿色，中等大小，上表面光泽弱；小叶片的横切面平，叶缘波状曲线中至强；花苞纵切面的形状为卵形，重瓣花，花瓣大，蓝粉色，略带紫色，花朵直径很大（14cm），花朵俯视形状为星形；具有浓厚而持久的香味。与近似品种‘KOROZON’比较，‘KOROZON’的花为粉色，而‘科比兰德’的花为蓝粉色，且略带紫色；‘KOROZON’的花瓣比‘科比兰德’的花小；‘KOROZON’的花无香味，而‘科比兰德’的花具有浓而持久的香味。‘科比兰德’喜温湿、光照和肥沃的微酸性土壤，不耐遮荫、瘠薄、干旱和水涝，生长适温为15～25℃；可利用顶芽扦插进行无性繁殖；在夏季温度不超过30℃，冬季不低于-10℃的气候带区，可无需保护在室外栽植。

科坤尔达（KORQUELDA）

（蔷薇属）

联系人：威廉 科德斯　地址：德国汉堡，Klein Offenseth-Sparrieshoop Rosenstr.54 D-25365
电话：+49-4121-48700/+49-4121-84745　国家：德国

申请日：2006–03–23
申请号：20060023
品种权号：20070067
授权日：2007–12–13
授权公告号：第0716号
授权公告日：2007–12–14
品种权人：德国科德斯月季育种公司（W.Kordes' Sohne）
培育人：威廉 · 科德斯(Wilhelm Kordes)

品种特征特性：‘科坤尔达’的母本为未知实生苗，父本为‘Rugelda’，经杂交获得。‘科坤尔达’为窄灌木，植株直立生长，高 90cm，宽 50cm；茎有皮刺；叶片中绿色，中至大，上表面光泽弱；小叶片横切面凸，叶缘波状曲线中至强；花苞纵切面的形状为椭圆形，重瓣花，花瓣数量少至中，黄绿色至黄色，花直径大至很大，花朵俯视形状为不规则圆形，香味中等；几乎连续开花。与近似品种‘KOREKLIA’比较；科坤尔达’的花为黄绿色至黄色，而‘KOREKLIA’的花为橙黄色；‘科坤尔达’的花瓣排列没有‘KOREKLIA’规则；‘科坤尔达’的植株比‘KOREKLIA’高；‘科坤尔达’叶子的抗霉病和黑斑病能力比‘KOREKLIA’强。‘科坤尔达’喜温湿、光照、肥沃的微酸性土壤，不耐遮荫、瘠薄、干旱和水涝，生长适温为 15 ～ 25℃；可利用顶芽扦插进行无性繁殖；在夏季温度不超过 30℃，冬季不低于 –10℃的气候带区，可无需保护在室外栽植。

科韦丝露（KORWESRUG）

（蔷薇属）

联系人：威廉 科德斯　地址：德国汉堡，Klein Offenseth-Sparrieshoop Rosenstr.54 D-25365
电话：+49-4121-48700/+49-4121-84745　国家：德国

申请日： 2006—03—23
申请号： 20060025
品种权号： 20070069
授权日： 2007—12—13
授权公告号： 第0716号
授权公告日： 2007—12—14
品种权人： 德国科德斯月季育种公司（W.Kordes' Sohne）
培育人： 威廉 · 科德斯(Wilhelm Kordes)

品种特征特性： ‘科韦丝露’的母本为‘Westerland’，父本为‘Bonanza’和‘Robusta’的杂交实生苗。‘科韦丝露’为灌木，株高250cm，冠宽100cm；茎有皮刺；叶片为深绿色，中等大小，上表面光泽弱；小叶片的横切面微凸，叶缘波状曲线强；花苞纵切面的形状为卵形，重瓣花，花瓣数量中等，橙色至红粉色，且边缘带浅蓝粉色，花直径大至很大，花朵俯视形状为不规则圆形，香味弱；几乎连续开花。与近似品种‘ALCHYMIST’相比，‘ALCHYMIST’是不连续开花的品种，‘科韦丝露’从5月份至秋天连续开花；‘ALCHYMIST’花乳白橙色，‘科韦丝露’的花为橙色至红粉色且边缘带浅蓝粉色。‘科韦丝露’喜温湿、光照和肥沃的微酸性土壤，不耐遮荫、瘠薄、干旱和水涝，生长适温为15～25℃；可利用顶芽扦插进行无性繁殖；在夏季温度不超过30℃，冬季不低于−10℃的气候带区，可无需保护在室外栽植。

科古苏茉（KORGOSUMO）

（蔷薇属）

联系人：威廉 科德斯　地址：德国汉堡，Klein Offenseth-Sparrieshoop Rosenstr.54 D-25365
电话：+49-4121-48700/+49-4121-84745　国家：德国

申请日：2006−03−23
申请号：20060026
品种权号：20070070
授权日：2007−12−13
授权公告号：第0716号
授权公告日：2007−12−14
品种权人：德国科德斯月季育种公司（W.Kordes' Sohne)
培育人：威廉 · 科德斯(Wilhelm Kordes)

品种特征特性：‘科古苏茉’的母本为‘Honeymoon’，父本为‘Goldener Sommer’。‘科古苏茉’为宽灌木生长型，植株高80cm，宽60cm；茎有皮刺；叶片为深绿色，小至中，上表面光泽强；小叶片的横切面凸，叶缘波状曲线中等；花苞纵切面的形状为阔卵形，半重瓣花，花瓣数量很少至少，黄色，花直径小至中，花朵俯视形状为不规则圆形，香味弱；几乎连续开花。与近似品种‘科姬尔文’（KORKILGWEN）相比，两个品种均为黄色花，但‘科姬尔文’的花更偏向黄绿色；‘科古苏茉’的花较大（6cm），‘科姬尔文’的花较小（3cm）；‘科古苏茉’的重瓣花特征不如‘科姬尔文’明显；‘科古苏茉’为灌木生长型，‘科姬尔文’为铺地型；‘科古苏茉’的植株高度为80cm，而‘科姬尔文’的植株高度为30cm。‘科古苏茉’喜温湿、光照、肥沃的微酸性土壤，不耐遮荫、瘠薄、干旱和水涝，生长适温为15～25℃；可用顶芽扦插进行无性繁殖；在夏季温度不超过30℃，冬季不低于−10℃的气候带区，可无需保护在室外栽植。

科姬尔文（KORKILGWEN）

（蔷薇属）

联系人：威廉 科德斯　地址：德国汉堡，Klein Offenseth-Sparrieshoop Rosenstr.54 D-25365
电话：+49-4121-48700/+49-4121-84745　国家：德国

申请日：2006－03－23
申请号：20060027
品种权号：20070071
授权日：2007－12－13
授权公告号：第0716号
授权公告日：2007－12－14
品种权人：德国科德斯月季育种公司（W.Kordes' Sohne）
培育人：威廉·科德斯(Wilhelm Kordes)

品种特征特性：‘科姬尔文’的母本为‘Immensee’与无名实生苗的杂交实生苗，父本为‘YELLOW FLEURETT’。‘科姬尔文’为铺地型，株高 30cm，宽 40cm；茎有皮刺；叶片深绿色，小至中等，上表面光泽中至强；小叶片横切面凸，叶缘波状曲线中等；花苞纵切面形状为阔卵形，重瓣花，花瓣数量少，黄绿色，花径小，花朵俯视形状为圆形，香味弱；几乎连续开花。与近似品种‘YELLOW FLEURETTE’相比，‘科姬尔文’的花小且重瓣花特征明显，为黄绿色；而‘YELLOW FLEURETTE’花大，为橙黄色；‘科姬尔文’的株高比‘YELLOW FLEURETTE’矮，抗霉病和黑斑病害能力比‘YELLOW FLEURETTE’强。‘科姬尔文’喜温湿、光照、肥沃的微酸性土壤，不耐遮荫、瘠薄、干旱和水涝，生长适温为 15 ～ 25℃；可利用顶芽扦插进行无性繁殖；在夏季温度不超过 30℃，冬季不低于 －10℃的气候带区，可无需保护在室外栽植。

科克莱莫（KORKLEMOL）

（蔷薇属）

联系人：威廉 科德斯　地址：德国汉堡，Klein Offenseth-Sparrieshoop Rosenstr.54 D-25365
电话：+49-4121-48700/+49-4121-84745　国家：德国

申请日： 2006−03−23
申请号： 20060028
品种权号： 20070072
授权日： 2007−12−13
授权公告号： 第0716号
授权公告日： 2007−12−14
品种权人： 德国科德斯月季育种公司（W.Kordes' Sohne)
培育人： 威廉 · 科德斯(Wilhelm Kordes)

品种特征特性： ‘科克莱莫’的母本为‘Westerland’与‘Lichtkönigin Lucia’(Korlilub)的杂交种，父本为‘Bonanza’与未知实生苗的杂交种。‘科克莱莫’为窄灌木，株高250cm，宽100cm；茎有皮刺；叶片中绿色，中等大小；半重瓣花，米黄色略带粉色，有红色花边，花径大，几乎连续开花。与近似品种‘KORLILUB’相比，‘KORLILUB’为灌木，‘科克莱莫’是窄灌木生长型的攀援月季品种；‘KORLILUB’株高150cm，‘科克莱莫’为250cm；‘KORLILUB’的花中等大小（9cm），‘科克莱莫’的花大（12cm）；两个品种均为米黄色花，‘科克莱莫’的花略带粉色，花朵边缘为红色；‘科克莱莫’喜温湿、光照、肥沃的微酸性土壤，不耐遮荫、瘠薄、干旱和水涝，生长适温为15～25℃；可利用顶芽扦插进行无性繁殖；在夏季温度不超过30℃，冬季不低于−10℃的气候带区，可无需保护在室外栽植。

科拉瑞慈（KORLABRIAX）

（蔷薇属）

联系人：威廉 科德斯　地址：德国汉堡，Klein Offenseth-Sparrieshoop Rosenstr.54 D-25365
电话：+49-4121-48700/+49-4121-84745　国家：德国

申请日：2006－03－23
申请号：20060029
品种权号：20070073
授权日：2007－12－13
授权公告号：第0716号
授权公告日：2007－12－14
品种权人：德国科德斯月季育种公司（W.Kordes' Sohne）
培育人：威廉·科德斯(Wilhelm Kordes)

品种特征特性：‘科拉瑞慈’的母本为‘La Sevillana’与‘Brillant’的杂交种，父本为‘Rote Max Gra’。‘科拉瑞慈’为宽灌木生长型，株高200cm，冠宽100cm；茎有皮刺；叶片为深绿色，中等大小，上表面光泽中至强；小叶片的横切面凸，叶缘波状曲线弱至中等；花苞纵切面的形状为阔卵形，重瓣花，花瓣数量很少至少，暗红色至粉红色，花直径中至大，花朵俯视形状为圆形，香味弱；几乎连续开花。与近似品种‘KORKELTIN’相比，‘科拉瑞慈’株高200cm，花暗红色至粉红色，‘KORKELTIN’株高300cm，花亮红色。‘科拉瑞慈’生长习性喜温湿、光照、肥沃的微酸性土壤，不耐遮荫、瘠薄、干旱和水涝，生长适温为15～25℃；可利用顶芽扦插进行无性繁殖；在夏季温度不超过30℃，冬季不低于－10℃的气候带区，无需保护在室外栽植。

科玛蒂兹（KORMAMTIZA）

（蔷薇属）

联系人：威廉 科德斯　地址：德国汉堡，Klein Offenseth-Sparrieshoop Rosenstr.54 D-25365
电话：+49-4121-48700/+49-4121-84745　国家：德国

申请日：2006－03－23
申请号：20060030
品种权号：20070074
授权日：2007－12－13
授权公告号：第0716号
授权公告日：2007－12－14
品种权人：德国科德斯月季育种公司（W.Kordes' Sohne）
培育人：威廉·科德斯(Wilhelm Kordes)

品种特征特性：‘科玛蒂兹’的母本为‘Roseromantic’与‘Heckenfeuer’杂交所得的实生苗，父本为‘Bernsteinrose’。‘科玛蒂兹’为灌木生长型，株高70cm，冠宽40cm；茎有皮刺；叶片小至中等，中至深绿色，上表面光泽强；小叶片横切面微凸，叶缘波状曲线弱至中等；花苞纵切面形状为阔卵形，重瓣花，花瓣数量中等，橙黄色至橙粉色，花径中至大，花朵俯视形状为圆形，香味弱。与近似品种‘ALCHYMIST’相比，‘ALCHYMIST’是不连续开花的品种，‘科玛蒂兹’从5月份至秋天连续开花；‘ALCHYMIST’的花为乳白至橙色，‘科玛蒂兹’的花为橙黄色至橙粉色；‘ALCHYMIST’是攀援月季品种，株高250cm，‘科玛蒂兹’为花坛月季，株高70cm。‘科玛蒂兹’喜温湿、光照、肥沃的微酸性土壤，不耐遮荫、瘠薄、干旱和水涝，生长适温为15～25℃；可利用顶芽扦插进行无性繁殖；在夏季温度不超过30℃，冬季不低于－10℃的气候带区，可无需保护在室外栽植。

科菲拉蒂（KORVILLADE）

（蔷薇属）

联系人：威廉 科德斯　地址：德国汉堡，Klein Offenseth-Sparrieshoop Rosenstr.54 D-25365
电话：+49-4121-48700/+49-4121-84745　国家：德国

申请日：2006－03－23
申请号：20060031
品种权号：20070075
授权日：2007－12－13
授权公告号：第0716号
授权公告日：2007－12－14
品种权人：德国科德斯月季育种公司（W.Kordes' Sohne）
培育人：威廉 · 科德斯(Wilhelm Kordes)

品种特征特性：'科菲拉蒂'是由母本'La Sevillana'与未知父本杂交获得的。'科菲拉蒂'为阔灌木，株高60cm，冠宽50cm；茎有皮刺；叶片深绿色，中等大小，上表面光泽较强，小叶片叶缘波状曲线强；花苞纵切面的形状为卵形，花直径短至中等，花朵俯视形状为不规则圆形，半重瓣花，花瓣中等大小，紫红色，几乎连续开花。与近似品种'KORPEHN'相比，'科菲拉蒂'的花为紫红色，花较小，而'KORPEHN'的花为暗红色，花较大；'科菲拉蒂'的冠幅较宽，而'KORPEHN'冠幅较窄；'科菲拉蒂'的抗霉病和黑斑病害能力比'KORPEHN'强。'科菲拉蒂'喜温湿、光照、肥沃的微酸性土壤，不耐遮荫、瘠薄、干旱和水涝，生长适温为15～25℃；可利用顶芽扦插进行无性繁殖；在夏季温度不超过30℃，冬季不低于－10℃的气候带区，可无需保护在室外栽植。

科考露玛（KORCOLUMA）

（蔷薇属）

联系人：威廉 科德斯　地址：德国汉堡，Klein Offenseth-Sparrieshoop Rosenstr.54 D-25365
电话：+49-4121-48700/+49-4121-84745　国家：德国

申请日：2006–03–23
申请号：20060033
品种权号：20070076
授权日：2007–12–13
授权公告号：第0716号
授权公告日：2007–12–14
品种权人：德国科德斯月季育种公司（W.Kordes' Sohne)
培育人：威廉·科德斯(Wilhelm Kordes)

品种特征特性：‘科考露玛’的母本为‘Christoph Columbus’，父本为‘Konrad Henkel’与‘Royal Red’的杂交种。‘科考露玛’为灌木生长型，植株高80cm，宽40cm；茎有皮刺；叶片为浅至中绿色，中等大小，上表面光泽弱；小叶片的横切面平，叶缘波状曲线中等；花苞纵切面的形状为阔卵形至卵形，重瓣花，花瓣数量少，暗紫红色至红色，花直径大至很大，花朵俯视形状为星形，香味无或很弱；几乎连续开花。与近似品种‘KORJET’相比，近似品种‘KORJET’的花苞为卵形，‘科考露玛’的花苞为阔卵形至卵形；‘科考露玛’的每个花枝上为一朵花，‘KORJET’每个花枝上为多朵花；‘KORJET’为窄灌木，‘科考露玛’为灌木；‘科考露玛’的抗霉病和黑斑病能力比‘KORJET’强。‘科考露玛’生长习性喜温湿、光照、肥沃的微酸性土壤，不耐遮荫、瘠薄、干旱和水涝，生长适温为15～25℃；可利用顶芽扦插进行无性繁殖；在夏季温度不超过30℃，冬季不低于−10℃的气候带区，可无需保护在室外栽植。

科达吐蕊（KORDATURA）

（蔷薇属）

联系人：威廉 科德斯　地址：德国汉堡，Klein Offenseth-Sparrieshoop Rosenstr.54 D-25365
电话：+49-4121-48700/+49-4121-84745　国家：德国

申请日：2006-03-23
申请号：20060034
品种权号：20070077
授权日：2007-12-13
授权公告号：第0716号
授权公告日：2007-12-14
品种权人：德国科德斯月季育种公司（W.Kordes' Sohne）
培育人：威廉 · 科德斯(Wilhelm Kordes)

品种特征特性：‘科达吐蕊’的亲本均为‘Immensee’与无名实生苗杂交得到的实生苗。‘科达吐蕊’为矮灌木至铺地型，株高60cm，冠宽50cm；茎有皮刺；叶片为中至深绿色，叶片小，上表面光泽强；小叶片的横切面凸，叶缘波状曲线弱至中；花苞纵切面的形状为卵形，半重瓣花，花瓣数量很少至少，蓝粉色，花直径小，花朵俯视形状为圆形，香味无或很弱；几乎连续开花。与近似品种‘THE FAIRY’相比，‘THE FAIRY’的花为粉色，‘科达吐蕊’的花为蓝粉色；‘THE FAIRY’的花较小，重瓣花特征比‘科达吐蕊’明显；‘科达吐蕊’的抗霉病和黑斑病能力比‘THE FAIRY’强。‘科达吐蕊’生长习性喜温湿、光照、肥沃的微酸性土壤，不耐遮荫、瘠薄、干旱和水涝，生长适温为15 ~ 25℃；可用顶芽扦插进行无性繁殖；在夏季温度不超过30℃，冬季不低于 -10℃的气候带区，可无需保护在室外栽植。

科丝塔娜（KORSTARNOW）

（蔷薇属）

联系人：威廉 科德斯　地址：德国汉堡，Klein Offenseth-Sparrieshoop Rosenstr.54 D-25365
电话：+49-4121-48700/+49-4121-84745　国家：德国

申请日：2006–03–23
申请号：20060035
品种权号：20070078
授权日：2007–12–13
授权公告号：第0716号
授权公告日：2007–12–14
品种权人：德国科德斯月季育种公司（W.Kordes' Sohne）
培育人：威廉 · 科德斯(Wilhelm Kordes)

品种特征特性：'科丝塔娜'的母本为未知实生苗与'Immensee'的杂交种，父本为'Schneeflocke'。'科丝塔娜'为灌木型至铺展生长型，株高50cm，冠宽50cm；茎有皮刺；叶片为中至深绿色，较小，上表面光泽中等；小叶片的横切面微凸，叶缘波状曲线弱；花苞纵切面的形状为阔卵形，半重瓣花，花瓣数量很少至少，白色，花直径中等，花朵俯视形状为不规则圆形，香味弱；几乎连续开花。与近似品种'KORGAZELL'相比，'KORGAZELL'的花比'科丝塔娜'的花大，且花朵数量较多；'科丝塔娜'具有香味，'KORGAZELL'则没有香味；'KORGAZELL'的株高通常高于'科丝塔娜'；'科丝塔娜'叶子对霉病的抗性比'KORGAZELL'强。'科丝塔娜'喜温湿、光照、肥沃的微酸性土壤，不耐遮荫、瘠薄、干旱和水涝，生长适温为15～25℃；可利用顶芽扦插进行无性繁殖；在夏季温度不超过30℃，冬季不低于–10℃的气候带区，可无需保护在室外栽植。

红如意石榴

（石榴属）

联系人：刘中甫　地址：
电话：13643823717　国家：中国

申请日： 2006-01-08
申请号： 20060006
品种权号： 20070079
授权日： 2007-12-13
授权公告号： 第0716号
授权公告日： 2007-12-14
品种权人： 刘中甫
培育人： 刘中甫

品种特征特性： ‘红如意石榴’是以‘突尼斯软籽石榴’为母本，‘粉红甜石榴’为父本，经杂交选育获得。‘红如意石榴’枝条较密，成枝率较强；幼枝红色、四棱，老枝多细长、枝梢多数卷曲，枝刺少。叶狭长椭圆、浓绿；花红色，5～7瓣。果实近圆形；果皮薄，果个大，平均单果重410g，籽软可食。与近似品种‘突尼斯软籽石榴’比较的不同点见下表：

	平均果重	皮色
突尼斯软籽石榴	406.7g	黄红
红如意石榴	410g	全红

‘红如意石榴’要求在冬季温度不低于-14℃，土层较厚，没有积水和重盐碱的地方栽植。

剑苏铁

（苏铁属）

联系人：胡坚　地址：广东省深圳市罗湖区莲塘仙湖路160号 518004
电话：0755-25944335-213　国家：中国

申请日：2006-02-07
申请号：20060008
品种权号：20070080
授权日：2007-12-13
授权公告号：第0716号
授权公告日：2007-12-14
品种权人：深圳市仙湖植物园管理处
培育人：李楠、李勇、刘芳齐、陈涛、林平义

品种特征特性：‘剑苏铁’是以海南苏铁（*Cycas hainanensis* C.J.Chen）为母本，台东苏铁（*Cycas taitungensis* C.F.Shen *et al.*）为父本，经杂交获得。‘剑苏铁’树干呈两头略有收缩的纺锤状圆柱形，茎干有鳞叶包裹，鳞叶三角状披针形，有少量棕色绒毛；茎顶无绒毛；羽叶长190cm，宽40cm，深绿色；小羽片条形，革质，边缘稍反卷，先端渐尖，顶端有短尖头。小孢子叶长3～5cm，宽1.5～1.8cm，有短尖头。‘剑苏铁’与海南苏铁、台东苏铁比较的不同点见下表：

	树干形状	羽叶形状	羽片
剑苏铁	纺缍状圆柱形	剑形，挺拔	边缘稍反卷，渐尖，有短尖头
海南苏铁	圆柱形	斜展	平展，直或微弯
台东苏铁	圆柱形	平展	边缘平不反卷

‘剑苏铁’适宜栽植于南亚热带地区、肥沃疏松的土壤里。

艾克佳(ECKALGER)

（大戟属）

联系人：刘邦贤　地址：广州大汉园景发展有限公司 广州市芳村区东漖镇海中村
电话：（020）81621880-106/（020）81620790　国家：美国

申请日：2004-7-16
申请号：20040008
品种权号：20080001
授权日：2008-05-29
授权公告号：第0805号
授权公告日：2008-07-02
品种权人：保罗·艾克公司（PAUL ECKE RANCH）
培育人：小林·鲁思

品种特征特性：‘艾克佳’（ECKALGER）是经高能X射线照射由‘Eckadire’诱导形成；是亮红色花苞片，花苞片扭曲或有皱纹；开花时间12月1日前后，花冠紧凑度居中，花序大小为居中；叶色暗绿，茎坚硬。与对照品种‘ECKADIRE’相比，主要区别是花苞片为亮红色，有自然分枝能力。在零售商店和家庭里亮红的花色更明显，而母本的花色为暗红色，在室内颜色暗淡；‘艾克佳’叶色为暗绿色。适合于温室栽培。

文丽朵(WINRED)

（大戟属）

联系人：刘邦贤　地址：广州大汉园景发展有限公司 广州市芳村区东漖镇海中村
电话：（020）81621880-106/（020）81620790　国家：美国

申请日：2004–9–28
申请号：20040027
品种权号：20080002
授权日：2008–05–29
授权公告号：第0805号
授权公告日：2008–07–02
品种权人：保罗·艾克公司（PAUL ECKE RANCH）
培育人：隆·克瑞默(Ron Cramer)

品种特征特性：‘文丽朵’是以‘M–18’为母本，‘F–14’为父本杂交而成；是苞片向内反折，呈卷缩状；开花感应期约10周；侧枝粗大、坚硬；叶深绿色，叶柄粗大、紫红色；植株高且直立；成品植株具有较长的寿命。与对照品种‘文大克’(WINDARK)相比，主要区别是：‘文丽朵’(WINRED)的植株比‘文大克’高；自然分枝能力不及‘文大克’强；叶片数量比‘文大克’多，且叶片较大；茎干较‘文大克’直立；花苞颜色较‘文大克’稍浅；较‘文大克’的花期靠后。‘文丽朵’适合于温室栽培。

厚竹

（刚竹属）

联系人：杨光耀　　电话：13907097538
国家：中国

申请日：2005-12-20
申请号：20060005
品种权号：20080003
授权日：2008-05-29
授权公告号：第0805号
授权公告日：2008-07-02
品种权人：江西农业大学
培育人：杨光耀、郭起荣、杜天真、施建敏、黎祖尧

品种特征特性：‘厚竹’竿略呈四方形或扁圆形，竿壁厚，竹竿基部和上部近实心，胸高处竿壁厚度1.5cm以上，竿壁率50%～60%，是等径毛竹的两倍。材质坚硬，鲜材沉水。染色体数目与毛竹一致，为2n=48。一致性：通过原产地和引种地连续11年的观察和引种实验研究以及‘厚竹’的区域化试验（江西省内多点，外省包括广州、杭州、长沙、南京等地）结果表明，原产地和引种地‘厚竹’的群体内个体均具有竹秆壁特厚等品种特异性。稳定性：通过原产地和多个引产地多年、多点的观察，原产地和引种地的‘厚竹’新竹均一致保持了秆壁特厚的品质特性。

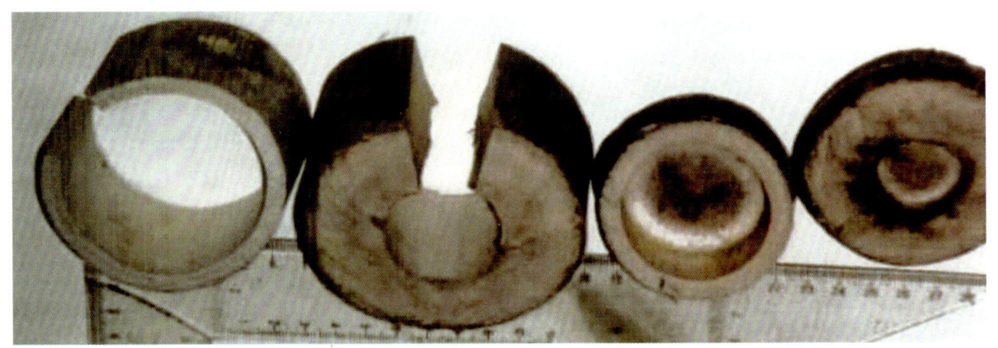

玫佳蕊（MEIGADRAZ）

（蔷薇属）

联系人：海伦 乔丹（Helene Jourdan） 地址：玫岚国际公司 法国普罗旺斯省嘎那-毛里斯市，多缅因圣安德烈 83340 电话：+33 494500325/+33 494 479829 国家：法国

申请日：2006–03–16
申请号：20060019
品种权号：20080004
授权日：2008–05–29
授权公告号：第0805号
授权公告日：2008–07–02
品种权人：玫岚国际公司（MEILLAND INTERNATIONAL S.A.）
培育人：阿兰· 安托万· 玫岚（Alain，Antoine MEILLAND）

品种特征特性：‘玫佳蕊’是由‘RADRAZZ’发生自然变异后，经人工选育获得。‘玫佳蕊’嫩枝红褐色，具皮刺，短皮刺少；叶片绿色，上表面光泽弱；花小至中，花半重瓣，花瓣较少，花瓣内外侧基部有斑点；花瓣边缘中度折卷，边缘起伏中至弱；香气较弱。与近似品种‘RADRAZZ’相比，‘玫佳蕊’短皮刺少，‘RADRAZZ’短皮刺很多；‘玫佳蕊’顶端小叶叶基钝形，‘RADRAZZ’圆形至心脏形；‘玫佳蕊’花瓣内外侧基部均有斑点，‘RADRAZZ’无斑点；‘玫佳蕊’花瓣边缘中度折卷，‘RADRAZZ’花瓣边缘无折卷或折卷极弱；‘玫佳蕊’花瓣边缘起伏弱至中，‘RADRAZZ’花瓣边缘起伏中至强。‘玫佳蕊’喜温湿、光照、肥沃的微酸性土壤。不耐遮荫、瘠薄、干旱和水涝，生长适温为 15 ～ 25℃。可利用嫁接和扦插等无性方式来繁殖和保存。适合栽培于各种类型的土地，在夏季温度不超过 35℃，冬季不低于 –15℃的气候带，该品种可无需保护在室外栽植。

科帕托芙（KORPATETOF）

（蔷薇属）

联系人：威廉 科德斯　地址：德国汉堡，Klein Offenseth-Sparrieshoop Rosenstr.54 D-25365
电话：+49-4121-48700/+49-4121-84745　国家：德国

申请日：2006−03−23
申请号：20060022
品种权号：20080005
授权日：2008−05−29
授权公告号：第0805号
授权公告日：2008−07−02
品种权人：德国科德斯月季育种公司（W.Kordes' Sohne）
培育人：威廉 · 科德斯(Wilhelm Kordes)

品种特征特性：‘科帕托芙’的母本是‘Immensee’与未知实生苗的杂交种，父本是‘Spek's Centenial’。‘科帕托芙’为灌木生长型，株高 50cm，冠宽 50cm；茎有皮刺；叶片为中至深绿色，小至中等，上表面光泽中等；小叶片的横切面微凸，叶缘波状曲线弱；花苞纵切面的形状为阔卵形至卵形，重瓣花，花瓣数量少至中，花直径中至大，花朵俯视形状为圆形，香味弱；几乎连续开花。与近似品种‘KORLIRUS’相比，‘KORLIRUS’的花为白色，中部带奶油色，而‘科帕托芙’的花为橙色至橙粉色；‘KORLIRUS’比‘科帕托芙’的植株高大且香味浓；‘科帕托芙’的抗霉病和黑斑病能力比‘KORLIRUS’强。‘科帕托芙’喜温湿、光照、肥沃的微酸性土壤，不耐遮荫、瘠薄、干旱和水涝，生长适温为 15 ～ 25℃；可利用顶芽扦插进行无性繁殖；在夏季温度不超过 30℃，冬季不低于 −10℃的气候带区，可无需保护在室外栽植。

科娃纳博（KORVANABER）

（蔷薇属）

联系人：威廉 科德斯　地址：德国汉堡，Klein Offenseth-Sparrieshoop Rosenstr.54 D-25365
电话：+49-4121-48700/+49-4121-84745　国家：德国

申请日：2006－03－23
申请号：20060024
品种权号：20080006
授权日：2008－05－29
授权公告号：第0805号
授权公告日：2008－07－02
品种权人：德国科德斯月季育种公司（W.Kordes' Sohne）
培育人：威廉 · 科德斯(Wilhelm Kordes)

品种特征特性：‘科娃纳博’的母本为‘Bernsteinrose’，父本为‘Nirvana’。‘科娃纳博’为灌木生长型，株高60cm，冠宽50cm；茎有皮刺；叶片为深绿色，中等大小，上表面光泽中等；小叶片的横切面微凸，叶缘波状曲线弱；花苞纵切面的形状为阔卵形，重瓣花，花瓣数量少至中，乳白色，花直径中至大，花朵俯视形状为不规则圆形，香味弱至中等；几乎连续开花。与近似品种‘KORBIN’相比，‘KORBIN’的重瓣花特征不如‘科娃纳博’明显；‘KORBIN’花为纯白色，‘科娃纳博’的花为乳白色；‘KORBIN’株高达120cm，‘科娃纳博’为60cm；‘科娃纳博’叶子的抗霉病和黑斑病能力比‘KORBIN’强。‘科娃纳博’喜温湿、光照、肥沃的微酸性土壤；不耐遮荫、瘠薄、干旱和水涝，生长适温为15 ～ 25℃；可利用顶芽扦插进行无性繁殖；在夏季温度不超过30℃，冬季不低于－10℃的气候带区，可无需保护在室外栽植。

黑美人

（梅）

联系人：刘冬　地址：北京市海淀区清华东路35号
电话：010-62336126　国家：中国

申请日： 2007–2–26
申请号： 20070010
品种权号： 20080007
授权日： 2008–05–29
授权公告号： 第0805号
授权公告日： 2008–07–02
品种权人： 北京林业大学
培育人： 陈俊愉

品种特征特性：‘黑美人’是由法国引入的‘美人’梅，经过不断嫁接繁殖，在繁殖群体中发现一株植株低矮，叶色更紫的个体而获得。‘黑美人’植株偏矮生而向外扩展，树冠不正空心扁圆形。枝干褐黑紫色，多直上，皮孔中多、中密；大枝色同干；小枝中粗，紫褐色，多平伸或伸出，罕直上，略有枝刺。着花状态中疏至中密；多1朵生于各类花枝上，而以中花枝、短花枝为主，罕2朵。花期4月9日开40%～80%（北京）；花径：3.0（2.3～3.8）；花蕾卵形，水红，无中孔；花态浅碗形，瓣层层疏叠。花色正面淡至极浅紫堇，反面同色，而以淡紫堇为多。花瓣17.5（15～20）+（0～2♁）。萼片均5，略反曲至反曲，淡绿而大部为淡绛紫所掩，花被丝托略扁钟形。雄蕊辐射而偏直立，短于瓣，花丝呈淡酒红色；雌蕊多1，罕2，高于雄蕊，多发达，花柱淡酒红色。花心正常。‘黑美人’与对照品种‘美人’梅相比植株低矮，树冠张开，叶色灰紫。‘黑美人’喜土壤湿润排水良好，光照充足，适宜在冬季最低温度–25℃以上的地区，露地或室内栽种。

香瑞白

（梅）

联系人：刘冬　地址：北京市海淀区清华东路35号
电话：010-62336126　国家：中国

申请日：2007-2-26
申请号：20070011
品种权号：20080008
授权日：2008-05-29
授权公告号：第0805号
授权公告日：2008-07-02
品种权人：北京林业大学
培育人：陈瑞丹、张启翔、陈俊愉

品种特征特性：‘香瑞白’母本为‘淡丰后’，父本为‘北京玉蝶’，杂交播种后高接在7年生‘淡丰后’植株上获得。‘香瑞白’树势强健，树冠不正形（高接）；枝干大枝紫灰褐，有浅纵驳纹，皮孔疏，中大；大枝直上及斜出，略有枝刺；小枝淡暗绿，偶在一侧略显淡灰古铜晕；生长势中；着花1～2朵，中，大部在中花枝上，少部在短花枝；花期2005年4月3日开90%（北京）；花蕾卵形至略扁卵形，中心无孔，常略洒极淡水红晕；花态碟形，瓣层间疏生，各瓣前后飞舞，外瓣开足时常略向后翻，瓣端及边缘常有波皱或凹缺；花色正面反面均为白色；花径3.5（3.3～3.7）cm；花瓣21.8（15～25）+0～1♂+0～2萼瓣；萼片5（个别6），反曲至强烈反曲；淡绿而大部被淡绛紫所掩；花梗短至中；花被丝托略膨大，介于三角至钟形之间；雄蕊短于瓣，辐射而大部集束花心；雌蕊0～3，发达，有时退化；花心正常；花香清香；易结实。‘香瑞白’与对照品种‘三轮玉蝶’相比花色洁白，花瓣起伏飞舞，具典型梅花香。花径更大，花瓣数目增多。‘香瑞白’喜土壤湿润排水良好，光照充足，适宜在冬季最低温度-20℃以上的地区，露地或室内栽种。

红寿星

（木兰属）

联系人：张寿洲　电话：13922809845
国家：中国

申请日：2007-9-19
申请号：20070044
品种权号：20080009
授权日：2008-05-29
授权公告号：第0805号
授权公告日：2008-07-02
品种权人：深圳市仙湖植物园管理处、陕西省西安植物园
培育人：张寿洲、王亚玲

品种特征特性：‘红寿星’为常绿小乔木，树形呈圆锥形。小枝绿色，老枝褐色，叶柄、小枝、芽、佛焰苞疏被淡褐色毛。叶薄革质，长椭圆形，除4月集中开花一次外，6月中下旬至11月下旬，仍可陆续开花。花被片9，粉红色，内外轮几同形，为三倍体植物，不能结实。‘红寿星’与对照品种比较的不同点见下表：

一致性、稳定性：本品种为三倍体植株，无法结实，通过嫁接繁殖，分别用黄兰、玉兰、望春玉兰、武当木兰作砧木，经3年的繁殖，花部、长势、株形都表现出较好的形状稳定性。

性状	红寿星	红元宝（母本）	云南含笑（父本）
习性	半常绿小乔木	落叶小灌木	常绿小乔木到灌木
株形	紧凑、圆锥形	圆柱形	卵圆形
叶质地	薄革质	纸质	革质
叶性状	长椭圆形，先端骤尖	椭圆形，先端骤尖	倒卵形，长4～10cm
大小	长13.4～16.0 cm，宽4.9～6.6 cm	钝尖，长8～11cm，宽4.5～5.5 cm	宽1.5～3.5 cm
开花习性	花叶同放	先花后叶	后叶开花
花被片	外面淡紫红色，内面白色　9，内外几同形	外面紫色，内面白色 9～10，外轮3萼片状线性　黄带红色	白色，6～12，内外轮几同形
花径	6～10cm	9～12cm	5～6cm
花期	4月、6～10月下旬	3月下旬、6～10月	3～4月
果期	不结实	8月中旬，结实少	8月
落叶期	11月中下旬	9月中下旬	不落叶
生长期	3月下旬～11上旬	3月下旬～8下旬	3月下旬～11上旬
2年生苗	株高160cm，冠幅160cm	株高100cm，冠幅30cm	

日光石

（蔷薇属）

联系人：杨玉勇　地址：中国云南省呈贡县马金铺乡中卫办事处红山村 650500
电话：0871-7441128/7441138　国家：中国

申请日：2007-9-19
申请号：20070045
品种权号：20080010
授权日：2008-05-29
授权公告号：第0805号
授权公告日：2008-07-02
品种权人：昆明杨月季园艺有限责任公司
培育人：杨玉勇、张启翔、潘会堂、程堂仁、蔡能

品种特征特性：‘日光石’是用‘帕瓦罗蒂’（Pavarotti 荷兰 DE RUITER 1996 年）做母本，‘杰乔伊’（Just Joey 美国 CANTS 1972 年）做父本，进行人工杂交后获得杂交种子播种获得实生苗，经初选定植，之后使用‘粉团蔷薇’做砧木，芽接获得。‘日光石’灌木型，枝条直立，偏细硬挺；皮刺浅红色、直尖，中等偏少；花朵高心阔瓣形，花径 11 ~ 12cm，花瓣数夏季 40 枚，冬季 45 枚；花瓣橘、红混色，色号 35D，花瓣正反两面颜色相同；淡香味；叶片革质深绿色，中等大小，叶脉清晰，锯齿明显，中等大小，小叶 5 ~ 7 枚，近花葶处 3 枚完整；切花产量 18 ~ 20 枝 / 株 / 年，切枝长度 50 ~ 70cm，瓶插期 7 ~ 9 天。与亲本相比花色不同，母本‘帕瓦罗蒂’花瓣红、紫混色，色号 N57C；父本‘杰乔伊’花瓣呈橘色，色号 26C；与对照品种‘维西利亚’（Versilia）相比，花色、花形都不同，‘维西利亚’（Versilia）花瓣为黄、橘混色，色号 20D；花形是高心翘角形。‘日光石’适宜一般保护地切花栽培。

桃花石

（蔷薇属）

联系人：杨玉勇　地址：中国云南省呈贡县马金铺乡中卫办事处红山村 650500
电话：0871-7441128/7441138　国家：中国

申请日：2007-9-19
申请号：20070046
品种权号：20080011
授权日：2008-05-29
授权公告号：第0805号
授权公告日：2008-07-02
品种权人：昆明杨月季园艺有限责任公司
培育人：杨玉勇、张启翔、潘会堂、程堂仁、蔡能

品种特征特性：‘桃花石’是用‘沃蒂’（Verdi 荷兰 DE.RUITER 1995 年）作母本，‘淑女’（Fragrant Lady 法国 Meilland 2000 年）作父本，进行人工杂交后获得杂交种子播种获得实生苗，经初选定植，之后使用‘粉团蔷薇’做砧木，芽接获得。‘桃花石’灌木型，枝条直立，粗细中等匀称、坚韧；皮刺暗红色，直尖，数量中等偏少；花朵高心翘角形，花径 11 ～ 12cm，花瓣数夏季 35 枚，冬季 40 枚；花瓣浅粉色，色号 65B，花瓣正反两面颜色相同，无香味；叶片纸质深绿色，中等大小，叶脉清晰，锯齿较大，小叶 5 ～ 7 枚，近花葶处 3 枚完整；切花产量 18 ～ 20 枝 / 株 / 年，切枝长 60 ～ 80cm，瓶插期 10 ～ 12 天。与亲本相比花色不同，母本‘沃蒂’花瓣边缘桃红色，色号 N66B，瓣根和瓣背白色；父本‘淑女’花瓣粉色（红、紫混色），色号 67D；与对照品种‘贵族’（Noblesse）相比，花色、花形都不同，‘贵族’花色较深，色号 68D，花形为高心卷边形。‘桃花石’适宜一般保护地切花栽培。

黑玉

（蔷薇属）

联系人：杨玉勇　地址：中国云南省呈贡县马金铺乡中卫办事处红山村 650500
电话：0871-7441128/7441138　国家：中国

申请日：2007–9–19
申请号：20070047
品种权号：20080012
授权日：2008–05–29
授权公告号：第0805号
授权公告日：2008–07–02
品种权人：昆明杨月季园艺有限责任公司
培育人：杨玉勇、张启翔、潘会堂、程堂仁、蔡能

品种特征特性：‘黑玉’是用‘影星’（Movie Star 德国 TANTAU 1995年）做母本，‘黑巴克’（Black Baccara 法国 Meilland 2003年）做父本，进行人工杂交，进行人工杂交后获得杂交种子播种获得实生苗，经初选定植，之后使用‘粉团蔷薇’做砧木，芽接获得。‘黑玉’植株灌木型，枝条直立，粗细匀称挺直；皮刺暗红色，尖锐下弯，中等偏少；花朵高心翘角形，花径 11 ～ 12cm，花瓣数夏季 40 枚，冬季 45 枚；花瓣正面黑红色，色号 187A，背面为深红色，色号 59A；叶片深绿色革质，大叶，叶脉清晰，锯齿明显，偏小，小叶 5 ～ 7 枚，近花葶处 3 枚完整；切花产量 20 ～ 22 枝／株／年，切枝长度 60 ～ 80cm，瓶插期 12 ～ 14 天。与亲本相比花色不同，母本‘影星’为橘红色，色号 41B；父本‘黑巴克’黑红色，色号 N186C，且花瓣正反两面颜色相同；与对照品种‘梅朗爸爸’（Papa Meilland 法国 Meilland 1963 年）相比，花色也不同，其为黑红色带紫色，色号 N79B。‘黑玉’适宜一般保护地切花栽培。

金玉

（蔷薇属）

联系人：杨玉勇　地址：中国云南省呈贡县马金铺乡中卫办事处红山村 650500
电话：0871-7441128/7441138　国家：中国

申请日： 2007-9-19
申请号： 20070048
品种权号： 20080013
授权日： 2008-05-29
授权公告号： 第0805号
授权公告日： 2008-07-02
品种权人： 昆明杨月季园艺有限责任公司
培育人： 张启翔、潘会堂、程堂仁、杨玉勇、蔡能

品种特征特性： ‘金玉’是用‘好莱坞’（Hollywood 荷兰 DE.RUITER 1997 年）做母本，‘蝶耳狗’（Papillon 德国 TANTAU 1997 年）做父本，进行人工杂交后获得杂交种子播种获得实生苗，经初选定植，之后使用‘粉团蔷薇’做砧木，芽接获得。‘金玉’植株灌木型，枝条直立，偏粗壮直挺；皮刺浅绿色，直尖，中等偏少；花朵高心翘角形，花径 11 ～ 12cm，花瓣数夏季 35 枚，冬季 40 枚；花瓣纯黄色，不易褪色，色号 7A，花瓣正反两面相同；淡香味；叶片革质深绿色，叶大，叶脉清晰，锯齿明显，小叶 5 ～ 7 枚，近花葶处 3 枚完整；切花产量 18 ～ 20 枝／株／年，切枝长度 50 ～ 70cm，瓶插期 7 ～ 9 天。与亲本相比花色不同，母本‘好莱坞’花瓣浅黄色，色号 1D；父本‘蝶耳狗’花瓣橘黄混色，色号 15D；与对照品种‘太阳王’（Sun King）相比颜色更深，且外花瓣有红晕，色号 13A。‘金玉’适宜一般保护地切花栽培。

红玉

（蔷薇属）

联系人：杨玉勇　地址：中国云南省呈贡县马金铺乡中卫办事处红山村 650500
电话：0871-7441128/7441138　国家：中国

申请日：2007-9-19
申请号：20070049
品种权号：20080014
授权日：2008-05-29
授权公告号：第0805号
授权公告日：2008-07-02
品种权人：昆明杨月季园艺有限责任公司
培育人：张启翔、潘会堂、程堂仁、杨玉勇、蔡能

品种特征特性：‘红玉’是用‘火烈鸟’（Flaming 德国 KORDES 1979 年）作母本，‘皇家巴卡’（Royal Baccara 法国 Meilland 2002 年）做父本，进行人工杂交后获得杂交种子播种获得实生苗，经初选定植，之后使用粉团蔷薇做砧木，芽接获得。‘红玉’植株灌木形，枝条直立，粗细匀称、挺直；皮刺浅绿色，直尖略下弯，中等偏少；花朵高心翘角形，花径 11 ~ 12cm，花瓣数夏季 30 枚，冬季 35 枚；花瓣红色，色号 46B，花瓣背面颜色略暗；叶片深绿色纸质，中等偏大，叶脉清晰，锯齿小，小叶 5 ~ 7 枚，近花葶处 3 枚小叶完整；切花产量 20 ~ 22 枝 / 株 / 年，切枝长度 50 ~ 70cm，瓶插期 9 ~ 10 天。与亲本相比花色不同，母本‘火烈鸟’花瓣淡红色，色号 36D；父本‘皇家巴卡’花瓣深红色，色号 53A；与对照品种‘红衣主教’（Kardinal）相比，花色和皮刺都不同，‘红衣主教’（Kardinal）花瓣颜色略浅，色号 45B，皮刺极多。‘红玉’适宜一般保护地切花栽培。

红笑星

（木兰属）

联系人：张寿洲　电话：13922809845
国家：中国

申请日：2007-10-9
申请号：20070051
品种权号：20080015
授权日：2008-05-29
授权公告号：第0805号
授权公告日：2008-07-02
品种权人：深圳市仙湖植物园管理处、陕西省西安植物园
培育人：张寿洲、 王亚玲

品种特征特性：半常绿小乔木，树形呈圆锥形。小枝绿色，老枝褐色，叶柄、小枝、芽、佛焰苞状苞片被淡褐色毛。叶革质，圆状椭圆形，除4月集中开花一次外，6月中下旬至11月下旬，仍可陆续开花。花被片9～10，外轮3，舌形萼片状，淡黄绿色，中内轮6～7，外深紫红色，内白色。为三倍体植物，不能结实。‘红笑星’与对照品种比较的不同点见下表：

性状	红笑星	红元宝（母本）	云南含笑（父本）
落叶习性	半常绿小乔木	落叶小灌木	常绿小乔木到灌木
株形	紧凑、圆锥形	圆柱形	卵圆形
叶质地	革质	纸质	革质
叶性状、大小	圆状椭圆形，先端圆或钝尖，9.2～10.6cm，宽3.9～5.8cm	椭圆形，先端骤尖、钝尖，长8～11cm，宽4.5～5.5cm	倒卵形，长4～10cm，宽1.5～3.5cm
开花习性	花叶同放	先花后叶	后叶开花
花被片	外紫红色，内白色，9～10，外轮3萼片舌形状，淡黄绿色	外紫红色，内白色，9～10，外轮3萼片线形状，黄带红色	白色，6～12，内外同形
花径	6～9cm	9～12cm	5～6cm
花期	4月、6～10月下旬	3月下旬、6～10月	3～4月
结实	不结实	8月中旬，结实少	8月
落叶期	11月中下旬	9月中下旬	不落叶
生长时期	3月下旬～11上旬	3月下旬～8下旬	3月下旬～11上旬
2年生苗	株高150cm，冠幅100～120cm	株高100cm，冠幅30cm	

一致性、稳定性：本品为三倍体植株，无法结实，通过嫁接繁殖，分别用黄兰、玉兰、渴望玉兰、武当玉兰作砧木，经过三年的繁殖，花部、长势、株形都表现出较好的性状和稳定性。

森桐1号

（泡桐属）

联系人：韩一凡　地址：上海市吴中路1081号灿虹大厦5楼西座501室 201103
电话：010-62889642　国家：中国

申请日：2007-11-21
申请号：20070056
品种权号：20080016
授权日：2008-05-29
授权公告号：第0805号
授权公告日：2008-07-02
品种权人：上海森海林业科技有限公司
培育人：韩一凡、钱息恩、李淑梅、李玲、胡建军、赵自成、张春玲、苏雪辉、魏万生、林意、王志兴

品种特征特性：‘森桐1号’树干通直，侧枝轮状分布，树皮褐色泛绿，光滑，皮孔卵圆形，横向排列；叶片极宽卵圆形，叶片宽大于长，全缘有突起，叶基部深心形，叶脉浅绿色，具硬毛，不脱落，侧枝轮状分布，速生，冠幅4.4m，年平均树高3.3m和年平均胸径5.4cm。一致性：泡桐利用根进行无性繁殖，其后代不发生任何异变，具一致性。稳定性：由于长期生产中均采用根繁，苗木形态完全一致，不发生变异。与对照品种比较的不同点如下：

项目	兰考泡桐 C125（母本）	森桐1号	白花泡桐（父本）
丛枝病	轻度感染	抗	易感
叶	广卵状，心形，叶背有毛，脱落	极宽卵圆形，叶脉有硬毛，不脱落	极宽状心形，叶背具毛，脱落
花序	圆锥状，花蕾长卵形，花蕾圆卵形	轮伞花序，排成圆锥状，鸭梨状的花蕾	花序花序窄小，呈柱状，蕾外黄毛易脱落

兰考泡桐C125　　森桐1号　　白花泡桐

兰考泡桐C125　　森桐1号　　白花泡桐

森桐2号

（泡桐属）

联系人：韩一凡　地址：上海市吴中路1081号灿虹大厦5楼西座501室　201103
电话：010-62889642　国家：中国

申请日：2007-11-21
申请号：20070057
品种权号：20080017
授权日：2008-05-29
授权公告号：第0805号
授权公告日：2008-07-02
品种权人：上海森海林业科技有限公司
培育人：韩一凡、钱息恩、李淑梅、李玲、胡建军、赵自成、张春玲、苏雪辉、魏万生、林意、王冰山

品种特征特性：‘森桐 2 号’树干中等，树皮褐红色，光滑，皮孔横卵圆形，横向排列；树皮有宽而浅的纵裂；侧枝分枝度小，约 55°；花序轮伞形呈圆锥状；花蕾鸭梨状，高木材密度。无丛枝病，平均年生长量胸径 2.0cm。一致性：泡桐利用根进行无性繁殖，其后代不发生任何异变，具一致性。稳定性：由于长期生产中均采用根繁，苗木形态完全一致，不发生变异。与对照品种比较的不同点如下：

项目	兰考泡桐 C125（母本）	森桐 2 号	白花泡桐（父本）
丛枝病	轻度感染	抗	易感
叶	广卵状，心形，叶背有毛，脱落	叶子有毛，不脱落	极宽状心形，叶背具毛，脱落
花序	圆锥状，花蕾长卵形，花蕾圆卵形	轮伞花序，排成圆锥状，鸭梨状的花蕾	花序花序窄小，呈柱状，蕾外黄毛易脱落

兰考泡桐C125　　森桐2号

兰考泡桐C125　　森桐2号　　白花泡桐

英红小枣

（枣）

联系人：刘正英　地址：上海市浦北路948弄6号302室
电话：0517-83805702/021-54187493　国家：中国

申请日：2006-10-13
申请号：20060049
品种权号：20080018
授权日：2008-12-02
品种权人：刘正英
培育人：刘正英

品种特征特性：‘英红小枣’由‘金丝小枣’的实生苗选育而成。‘英红小枣’树冠圆锥形，长势较强；树干灰褐色，树皮粗糙，纵裂近菱形；纸条灰褐色，针刺长，不易脱落；叶片较大，长椭圆形，叶面平滑，浅绿色，有光泽；花多，花粉量大。该品种在淮阴地区4月中旬发芽，5月中旬开花，9月中旬开始着色，9月下旬和10月上旬为成熟高峰期，部分迟结的枣子到11月初才着色成熟，11月下旬落叶。‘英红小枣’自结果后产量逐年上升，无大小年。果实大小整齐，平均单果重9.0g，最大果重17.5g，果实短椭圆形到柱形，纵径2.75cm，横径2.18cm，深红色，有光泽，果皮中厚，果肉淡绿色，硬，质地致密，脆，汁液中等多，味道极甜，纯正口感好；果核为椭圆形。因为枣树通常采用无性繁殖，故本品具有高度一致性，稳定性。

黑山寨7号

（板栗属）

联系人：黄武刚　地址：北京市海淀区瑞王坟甲12号　100093
电话：010-82590742/62598744　国家：中国

申请日：2007-8-3
申请号：20070037
品种权号：20080019
授权日：2008-12-2
授权公告号：第0809号
授权公告日：2008-12-10
品种权人：北京市农林科学院林业果树研究所
培育人：黄武刚、周志军、程丽莉、陈生凡

品种特征特性：‘黑山寨7号’的母株在北京市昌平区长陵镇黑山寨村（母株生长的地块名称：大西沟），经实生选育获得。‘黑山寨7号’叶片呈长椭圆形，叶基部楔形，叶尖渐尖，有光泽，叶缘锯齿外向；雄花序极短（0.3～1.0cm），偶见个别双性花序（长有雌花的花序）或雄花序长度达8cm以上，雄花序数量较少，斜生；总苞呈椭圆形，刺束密度中，苞皮厚度中，呈十字开裂；总苞内坚果数平均为2.1个，坚果的平均单粒重8g，坚果椭圆形，外种皮深褐色，果面茸毛少，光泽较亮；果肉甜、糯性，涩皮易剥离。与近似品种比较的不同点如下：

品种对比	平均雄花序长度	坚果
阳光	19.26 cm	果面茸毛白色极多且覆盖大部果实、果皮深褐色、光泽较暗、含糖量20%，平均果重11.1g。
燕红	15.37 cm	果面茸毛少且分布于果顶部、果皮深红棕色、富有光泽、含糖量20.25%、平均果重8.9g。
燕丰	17.29 cm	果面茸毛少且分布于果顶部、果皮黄褐色、具光泽、含糖量25.0%，平均果重6.6g。

‘黑山寨7号’适宜在北方土壤pH不超过7的地区也可种植。

可可茶1号

（山茶属）

联系人：叶创兴　地址：广东省广州市海珠区新港西路135号，中山大学生命科学学院　510275
电话：020-84112874/84036215/13380062690　国家：中国

申请日：2007-05-28
申请号：20070023
品种权号：20080020
授权日：2008-12-02
授权公告号：第0809号
授权公告日：2008-12-10
品种权人：中山大学生命科学学院、广东省农业科学院茶叶研究所
培育人：叶创兴、李家贤、彭力、何玉媚、石祥刚、黄华林、宋晓虹、苗爱清、赵超艺、吴家尧、陈栋、袁长春、郑新强

品种特征特性：‘可可茶 1 号’是从可可茶野生植株选育获得。‘可可茶 1 号’植株高大，有明显的主干，分枝较密，树势半开张；嫩枝有浅黄色短柔毛，顶芽细锥形，长 5 ~ 7mm，被灰白色柔毛；叶半上斜，革质，厚，长圆形，长 7 ~ 3cm，宽 3 ~ 4.5cm，先端短尖，尖头钝，基部楔形，叶上面深绿色，干后无光泽，叶下面干后灰绿色，有贴伏浅黄色短柔毛，中脉与侧脉在两面皆明显隆起，侧脉 9 ~ 12 对，叶缘波状，锯齿较浅，齿刻相距 1 ~ 4mm，叶柄长 7 ~ 10mm，有浅黄色短柔毛；芽叶绿，茸毛多；1 芽 3 叶长可达 10.4cm，百芽重可达 210g；花 1 ~ 2 朵腋生，花柄长 5 ~ 8mm，有浅黄色柔毛；苞片 3，散生于花梗上，卵形，被毛，早落；萼片 5，近圆形，长 4mm，背面有浅黄色柔毛，内面被疏柔毛；花瓣 5 ~ 7，倒卵形，长 1 ~ 1.2cm，分离，背面被白色柔毛，内面无毛；雄蕊离生，花丝长约 1cm，无毛；子房 3 室，密被灰色柔毛，花柱长 8 ~ 10mm，顶端 3 浅裂，近基部有毛；蒴果圆球形，直径 2.5cm，被毛，1 ~ 3 室，每室种子 1 ~ 2 粒，种子半球形，长 2cm，果皮厚 1mm；花期 8 ~ 11 月。芽叶含可可碱，不含咖啡碱。适制乌龙茶，绿茶和红茶。‘可可茶 1 号’与近似种‘乐昌白毛 2 号’相比，品种的特异性表现在其芽叶含可可碱，不含咖啡碱，芽叶的毛被、花部的毛被皆为浅黄色，而‘乐昌白毛 2 号’芽叶嘌呤碱以咖啡碱为主，芽叶毛被皆为白色。‘可可茶 1 号’水浸出物与茶多酚含量均比‘乐昌白毛 2 号’高。‘可可茶 1 号’适宜海拔 500 ~ 1200m，年平均气温 19 ~ 20℃，1 月平均气温 16 ~ 19℃，绝对最低温度 -2℃以上；适宜生长在 pH 值为 4.5 ~ 5.5 的土壤。

可可茶2号

（山茶属）

联系人：叶创兴　地址：广东省广州市海珠区新港西路135号，中山大学生命科学院　510275
电话：020-84112874/84036215/13380062690　国家：中国

申请日：2007–05–28
申请号：20070024
品种权号：20080021
授权日：2008–12–02
授权公告号：第0809号
授权公告日：2008–12–10
品种权人：广东省农业科学院茶叶研究所、中山大学生命科学学院
培育人：李家贤、叶创兴、何玉媚、彭力、黄华林、石祥刚、苗爱清、宋晓虹、赵超艺、吴家尧、陈栋、袁长春、郑新强

品种特征特性：‘可可茶 2 号’是从可可茶野生植株选育获得。‘可可茶 2 号’为乔木，有明显的主干，树势半开张，分枝密；嫩枝有浅黄色短柔毛，顶芽细锥形，长 5 ~ 7mm，密被浅黄色柔毛；叶半上斜，叶稍内摺，叶色浅绿，叶质常柔软，叶肉较厚，革质，厚，长圆形，长 7 ~ 13cm，宽 3 ~ 5cm，先端短尖或渐尖，尖头钝，基部楔形，叶上面深绿色，干后无光泽，叶下面干后灰绿色，有贴伏短柔毛，中脉与侧脉在两面皆明显隆起，侧脉 9 ~ 12 对，叶缘波状，锯齿疏锐，齿刻相距 1 ~ 5mm，叶柄长 7 ~ 10mm，有浅黄色短柔毛；芽叶黄绿，茸毛多；花 1 ~ 2 朵腋生，花柄长 5 ~ 8mm，有浅黄色柔毛；苞片 3，散生于花梗上，卵形，被毛，早落；萼片 5，近圆形，长 4mm，背面有浅黄色柔毛，内面被疏柔毛；花瓣 5 ~ 7，倒卵形，长 1 ~ 1.2cm，分离，背面被浅黄色柔毛，内面无毛；雄蕊离生，花丝长约 1.2cm，无毛；子房 3 室，密被灰色柔毛，花柱长 12mm，顶端 3 浅裂，中部以下有毛；蒴果圆球形，直径 2.5cm，被毛，1 ~ 3 室，每室种子 1 ~ 2 粒，种子半球形，长 2cm，果皮厚 1mm；花期 8 ~ 11 月。‘可可茶 2 号’芽叶含可可碱，不含咖啡碱，适制红茶，其茶汤汤色红艳明亮，香气为果香型，滋味浓强鲜爽，叶底红亮。‘可可茶 2 号’与近似种‘英红九号’相比，品种的特异性表现在其芽叶含可可碱，不含咖啡碱，芽叶的毛被、花部的毛被皆为浅黄色，而‘英红九号’芽叶嘌呤碱以咖啡碱为主，芽叶毛被皆为白色。‘可可茶 2 号’适宜海拔 500 ~ 1200m，年平均气温 19 ~ 20℃，1 月平均气温 16 ~ 19℃，绝对最低温度 -2℃以上；喜温暖、湿润的气候和肥沃的土壤，适宜生长在 pH 值为 4.5 ~ 5.5 的土壤。

元林

（核桃属）

联系人：侯立群　地址：山东省济南市文化东路42号　250014
电话：13608922929/0531-88932824　国家：中国

申请日：2007-11-16
申请号：20070054
品种权号：20080022
授权日：2008-12-02
授权公告号：第0809号
授权公告日：2008-12-10
品种权人：山东省林业科学研究院、泰安市绿园经济林果树研究所
培育人：侯立群、王钧毅、王开芳、赵登超、张文越、高尚峰、王露琴、马扶民

品种特征特性：‘元林’的母本为‘元丰’核桃，父本为美国核桃‘强特勒’，经杂交选育获得。‘元林’为落叶乔木，树姿直立或半开张；生长势强；树冠呈自然半圆形；枝条平均长度为23.76cm，平均粗度为0.86cm，平均节间长度为3.64cm；多年生枝条呈红褐色，枝条皮目稀少，无茸毛；混合芽呈圆形，侧芽与混合芽间距为1.0cm左右；侧生混合芽率为85%左右；复叶长为48.3cm，复叶柄长为32.6cm；小叶长卵圆形，小叶数7～9片，小叶长17.83cm，小叶宽8.43cm；叶黄绿色；叶间微尖；叶全缘；雄花序较少，平均长度为15cm；柱头黄绿色。果实长椭圆形，黄绿色，果点较密，果面有茸毛，坚果长圆形，纵径4.25cm，横径3.6cm，侧径3.42cm，平均单果重16.84g，每千克60个左右，属大型果。核仁充实饱满、仁重9.35g，出仁率55.42%左右，味香微涩，脂肪含量63.6%，蛋白质含量18.25%。‘元林’萌芽晚，抗晚霜危害，在泰安地区萌芽期为四月初，新梢生长期为4月中旬，与同一地块的‘香玲’核桃相比较萌芽晚5～7天，可避过晚霜危害；早实，丰产；嫁接后第二年即可结果，平均单果重16.84g，高于母本‘元丰’(平均单果重12g)，坐果率为60%～70%左右；结果母枝连续结果能力较强，可连续4年结果。‘元林’土层厚度在100cm以上，土壤pH值为6.5～8.0，地下水位1.5m以上均可栽植；在土层深厚、土质肥沃的立地条件下栽培表现会更好。

国丰

（杏）

联系人：刘威生　地址：辽宁省营口市熊岳城镇　115009
电话：0417-7032822/7034355/7842942　国家：中国

申请日：2008-02-20
申请号：20080012
品种权号：20080023
授权日：2008-12-02
授权公告号：第0809号
授权公告日：2008-12-10
品种权人：辽宁省果树科学研究所
培育人：刘威生、刘宁、孙猛、张玉萍、赵锋、郁香荷、徐铭

品种特征特性：‘国丰’的母本是‘串枝红杏’，父本是‘晚熟杏’，通过人工常规杂交育种获得。‘国丰’树姿半开张，一年生枝红褐色，斜生，生长弯曲，有光泽，无茸毛，平均长75cm，粗0.7cm，皮孔大、少；叶片近圆形，叶尖突尖，叶基圆形；叶缘中深，钝锯齿，不整齐；叶面平滑，叶片薄，绿色，无茸毛；叶长7.8cm，宽5.4cm；叶柄紫红色，无茸毛，柄长4.3cm，蜜腺2～4个；花蕾粉红色，花瓣白色，单瓣，5瓣，圆形；果实近圆形，平均单果重47g，果顶平或微凹，梗洼浅，缝合线浅，片肉较对称。果皮底色绿黄至黄色，有红晕，有茸毛，果肉橙色，肉质松脆，纤维中，果汁多，有香味，离核，核卵圆形，甜仁。‘国丰’同父母本相比最突出的特异性是成熟期早、味酸甜适口、甜仁、离核。父本‘晚熟杏’10月上旬成熟，肉淡黄色，汁极少，味酸，可溶性糖为5.3%，可溶性酸为1.3%，Vc为6.1mg/100g，半离核，甜仁；母本‘串枝红’在熊岳城7月20日成熟，汁少，味酸，可溶性固形物为12.2%，可溶性糖为7.1%，可溶性酸为1.6%，Vc为9.1mg/100g，半离核，苦仁；而‘国丰’同年份在熊岳城7月11日成熟，比‘串枝红’早9天，果实重47g，圆形，红色，肉橙色，汁多，味甜，有香味，可溶性固形物为13.6%，可溶性糖为7.74%，可溶性酸为1.708%，Vc为5.065mg/100g，离核，甜仁。‘国丰’不耐涝，不宜在黏性土壤中栽植。

国强

（杏）

联系人：刘威生　地址：
电话：0417-7032822/7034355　国家：中国

申请日：2008-02-20
申请号：20080013
品种权号：20080024
授权日：2008-12-02
授权公告号：第0809号
授权公告日：2008-12-10
品种权人：辽宁省果树科学研究所
培育人：刘威生、孙猛、刘宁、张玉萍、赵锋、郁香荷、徐铭

品种特征特性：‘国强’树姿半开张，一年生枝红褐色，斜生，有光泽，无茸毛，平均长40cm，粗0.5cm，皮孔小、少；叶片卵圆形，叶尖长尾尖叶基圆形；叶缘粗锯齿，不整齐；叶面平滑，叶片薄，绿色，有茸毛；叶长4.8cm，宽3.2cm；叶柄紫红色，无茸毛，柄长2.5cm，无蜜腺；花蕾粉红色，花瓣白色，单瓣，5瓣，圆形；果实卵圆形，平均单果重16.3g，果顶平，梗洼浅，缝合线浅，片肉对称。果皮底色黄色，有红晕，有茸毛，果肉橙色，肉质硬脆，纤维细，果汁中多，味酸甜，离核，核卵圆形，核面粗糙，苦仁。在辽宁熊岳地区3月下旬花芽萌动，4月中下旬开花，花期6～7天，7月上中旬完全成熟。‘国强’同父母本相比最突出的特异性是丰产、味酸甜适口、果肉硬度大、离核。父本‘金太阳’在熊岳城7月5日成熟，汁少，味酸，硬度为2.9 kg/cm^2 可溶性固形物为12.6%，可溶性糖8.384%，可溶性酸为1.503%，Vc为7.718mg/100g，离核，苦仁；母本‘串枝红’在熊岳城7月20日成熟，汁少，味酸，可溶性固形物为12.2%，可溶性糖为7.1%，可溶性酸为1.6%，Vc为9.1mg/100g，离核，苦仁；而‘国强’同年份在熊岳城7月10日成熟，果实椭圆形，红色，肉橙色，硬度5.3kg/cm^2，可溶性固形物14.8%，可溶性糖10.869%，可溶性酸1.673%，Vc为5.668mg/100g，离核。具有多优良性状连锁的特异性。通过对‘国强’以及进行无性嫁接繁殖的无性系，栽植的不同校环境下，对其植物学特征和生物学特性的仔细观察，母株在开花、授粉、结实以及果实特征方面保持了很好的一致性和稳定性，其无性系株间以及各方面也没有明显差异，因此可认为该品种特性具有良好的一致性和稳定性。

特娇

（蔷薇属）

联系人：鲍平秋　地址：
电话：13121353977　国家：中国

申请日：2007－11－21
申请号：20070058
品种权号：20080025
授权日：2008－12－02
授权公告号：第0809号
授权公告日：2008－12－10
品种权人：北京联合大学
培育人：鲍平秋、张雷、丁艳丽、刘素华

品种特征特性：‘特娇’实生苗当年开花，第二年生长势强。藤本，茎干纤长柔软，有皮刺。叶形近母本，叶色介于父母本之间，有光泽；小叶5。花色为娇嫩柔美的水粉红色，两性，辐射对称；花径4～5cm，半花瓣，花瓣5～17。花朵繁多，花序伞状；整体观赏效果好。花期长，4月底～11月上旬。比较能够耐受北京夏季高热天气，可以连续开花基本无病虫害。花色在7、8月改变不大，仍旧比较鲜艳。花后花柄很快变黄、枯干，残花自行脱落，基本不结实。特异性明显。其抗寒、抗旱以及抗病虫性均较强，可以陆地越冬。一致性和稳定性：2003年4月至2007年6月期间，‘特娇’经过扦插、组织培养等无性繁殖方法，经过连续重复观测，其特征特性充分一致，而且其基本性状包括花色、花形、花期、生长习性等均较稳定，没有发现异株型。充分说明申请品种‘特娇’具有较好的一致性和稳定性。

品种	母本：多特蒙德	父本：北林红	特娇
株形	藤本	灌丛状	藤本
叶色	深，暗绿	浅，淡绿	中绿色
花色	深玫红	玫瑰色	粉红色
花径	±7cm	±3cm	4～5cm
花瓣数	5	5	5～17
花期	4～11	4～10	4～11
开花习性	7、8歇夏	夏秋花色不佳	花色变化小
结实率	96.5%	38.1%	0

特俏

（蔷薇属）

联系人：鲍平秋　地址：
电话：13121353977　国家：中国

申请日：2007-11-21
申请号：20070059
品种权号：20080026
授权日：2008-12-02
授权公告号：第0809号
授权公告日：2008-12-10
品种权人：北京联合大学
培育人：鲍平秋、张雷、丁艳丽、刘素华

品种特征特性：‘特俏’实生当年开花，第二年生长势强。茎干直立呈灌丛状，有皮刺。叶形近母本，叶色介于父母本之间，有光泽；叶片5。花色极近母本，花瓣深玫红色，近花心处白色。花两性，辐射对称，单瓣花，花瓣5，花径4～5cm左右，花朵繁多，比较密集的分枝形成伞房状花序；花期长，4月底～11月上旬。与近似品种‘多特蒙德’比较，‘特俏’花色呈玫红色；花后基本不结实；比较能够耐受北京夏季的高热天气，可以连续开花，花色在7、8月改变不大，仍旧比较鲜艳；花后花柄逐渐脱落，基本不结实。特异性明显。其抗寒、抗旱以及抗病虫性均较强，可以陆地越冬。一致性和稳定性：2003年4月至2007年6月期间，‘特俏’经过扦插、组织培养等无性繁殖方法，经过连续重复观测，其特征特性充分一致，而且其基本性状包括花色、花形、花期、生长习性等均较稳定，没有发现异株型。充分说明‘特俏’具有较好的一致性和稳定性。

品种	母本：多特蒙德	父本：北林红	特俏
株形	藤本	灌丛状	灌丛状
叶色	深，暗绿	浅，淡绿	中绿色
花色	深玫红	玫瑰色	深玫红
花径	±7cm	±3cm	4～5cm
花期	4～11	4～10	4～11
开花习性	7、8歇夏	夏秋花色不佳	花色变化小
结实率	96.5%	67%	0

南林果1

（银杏）

联系人：曹福亮　地址：江苏省南京市蟠路159号　210037
电话：025-85427099/025-85428809　国家：中国

申请日：2006—12—30
申请号：20070015
品种权号：20080027
授权日：2008—12—02
授权公告号：第0809号
授权公告日：2008—12—10
品种权人：南京林业大学
培育人：曹福亮、汪贵斌、张往祥

品种特征特性：'南林果1'种核形态为佛指形，核形系数1.55，果长卵圆形，熟时淡橙黄色，被薄白粉，多单果。先端圆钝，基部蒂盘近正圆形，表面高低不平，周缘不整，果基部略见偏斜。果柄长3.88cm，果纵径2.35cm，横径1.90cm。种核长卵圆形，先端尖削，具秃尖，中间略有凹陷。种核糯性好，营养成分含量高。4月底授粉，9月底果实成熟。'南林果1'树冠为开心形，胸径15.8cm，冠幅6.5×6.0，有四个结果大枝，成枝能力强。叶长54.15mm，叶宽31.11mm，叶厚0.33mm，叶柄长25.12mm，叶基分角125°。'南林果1'果实产量高，单株产量达到16kg，高于对照品种'泰兴3号'140%。出核率达24.7%。出仁率达78.6%，可溶性糖含量达7.6%，脂肪含量达5.2%，高于试验品种'泰兴3号'（可溶性糖含量5.79%，脂肪含量3.3%）。'南林果1'适宜光照充足，土壤疏松、深厚肥沃、排水良好的条件。

南林果2

（银杏）

联系人：曹福亮　地址：江苏省南京市蟠路159号　210037
电话：025-85427099/025-85428809　国家：中国

申请日：2006－12－30
申请号：20070016
品种权号：20080028
授权日：2008－12－02
授权公告号：第0809号
授权公告日：2008－12－10
品种权人：南京林业大学
培育人：曹福亮、汪贵斌、张往祥

品种特征特性：‘南林果 2’种核形态为佛指形，核形系数 1.61，果长卵圆形，熟时淡橙黄色，被薄白粉，多单果。先端圆钝，基部蒂盘近正圆形，珠孔迹小，平或稍下凹，少数具小尖，基部蒂盘近正圆形，果基部略见偏斜。果柄长 3.94cm，果纵径 2.47cm，横径 1.98cm。种核长卵圆形，先端尖削，具秃尖，中间略有凹陷。种核糯性好，营养成分含量高。4 月底授粉，9 月底果实成熟。‘南林果 2’树冠为开心形，胸径 14.3cm，冠幅 6.0×7.3，有四个结果大枝，成枝能力强。叶长 58.99mm，叶厚 0.37cm，叶柄长 31.54mm，叶基分角 112°。‘南林果 2’果实产量高，单株产量达到 14kg，高于对照品种‘泰兴 3 号’120%。出核率 25.6%，出仁率 79.6%，可溶性糖含量达到 5.97%，脂肪含量达到 5.2%，高于试验品种‘泰兴 3 号’（可溶性糖含量达到 5.79%，脂肪含量达到 3.3%）。‘南林果 2’适宜光照充足，土壤疏松、深厚肥沃、排水良好的条件。

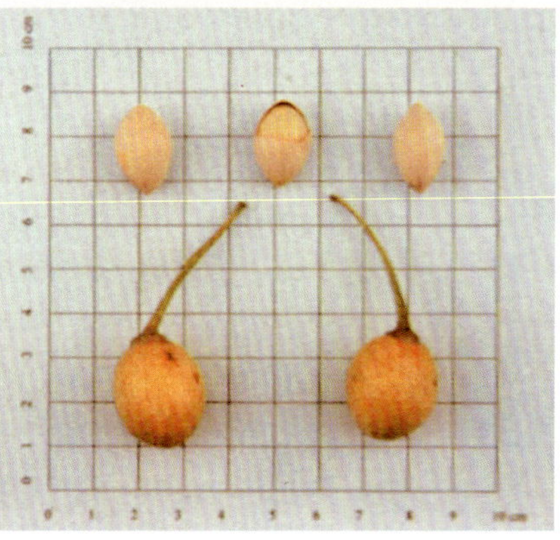

鲁林1号杨

（杨属）

联系人：姜岳忠　地址：山东省济南市文化东路42号 250014
电话：0531-88557765/88932824　国家：中国

申请日：2008-04-17
申请号：20080019
品种权号：20080029
授权日：2008-12-02
授权公告号：第0809号
授权公告日：2008-12-10
品种权人：山东省林业科学研究院
培育人：姜岳忠、秦光华、乔玉玲、王卫东、荀守华、王月海

品种特征特性：‘鲁林1号杨’系采集大树上的天然杂种，经过对杂种F_1代苗期筛选和无性系造林试验，测定成龄树的生长量、木材材性、抗病虫性、抗旱、抗涝等性能，以欧美杨品种‘I-107’为对照优选获得。‘鲁林1号杨’一年生苗干通直，茎表面棱角凹槽浅，未木质化的茎无毛，茎中上部皮孔圆形或椭圆形，较密，不规则分布，有少量分枝。叶芽锥形，长0.6～0.7cm，褐色，贴近茎干。叶三角形，叶长与叶宽基本相等，叶基截形，叶端宽尖，腺体多为2个。大树干形圆满通直，树皮光滑，尖削度小，顶端优势明显；树冠阔卵形；分枝数量多，分布均匀，侧枝较细，枝角70°，冠幅较宽；叶小，数量多。‘鲁林1号杨’与对照品种比较的不同点为：‘鲁林1号杨’树干圆满，尖削度小，分枝较细，数量多，分枝角度较大；母本美洲黑杨无性系228～379树干尖削度较大，分枝粗度中等，分枝数量中等。‘鲁林1号杨’速生，6年生平均单株材积比欧美杨‘I-107’大14.5%。‘鲁林1号杨’喜水肥，有条件可多次浇水施肥，在速生期之前应浇水和施肥，5、6月份视旱情适时浇水，春季宜施以氮肥为主的速效肥，秋季宜施复混肥或有机肥；苗期要预防天牛、白杨透翅蛾等蛀干害虫；幼树期要预防杨树溃疡病等。

鲁林2号杨

（杨属）

联系人：姜岳忠　地址：山东省济南市文化东路42号 250014
电话：0531-88557765/88932824　国家：中国

申请日：2008-04-17
申请号：20080020
品种权号：20080030
授权日：2008-12-02
授权公告号：第0809号
授权公告日：2008-12-10
品种权人：山东省林业科学研究院
培育人：姜岳忠、秦光华、乔玉玲、王彦、王卫东、荀守华、王月海

品种特征特性：‘鲁林 2 号杨’系通过室内水培杨树花枝，人工控制授粉获得杂种，经过对杂种 F_1 代苗期筛选和无性系造林试验，测定成龄树的生长量、木材材性、抗病虫性、抗旱、抗涝等性能，以目前主栽品种‘中菏 1 号’和‘I-107’为对照优选获得。雌性，美洲黑杨。母本为欧美杨 I-72（*Populus × euramericana* ‘San martino’），由意大利杨树育种学家从黑杨的天然杂交种子中选育出来，1972 年由吴中伦引入中国。父本为美洲黑杨‘PE-3-71’（*Populus deltoides* ‘PE-3-71’），1987 年由山东省林业科学研究院从土耳其引进。‘鲁林 2 号杨’一年生苗干通直，棱角间凹槽深，苗干光滑无毛，茎中上部皮孔长椭圆形或长线形，稀疏，不规则分布，有少量分枝。叶芽锥形，先端渐尖，褐色，长 0.5 ~ 0.7cm，半贴近茎干。叶片三角形，长 14 ~ 18cm，长宽比为 120% ~ 130%，叶片基部略微心形，先端细窄渐尖，叶基腺点不定，叶中脉部分红色，叶柄光滑无毛，叶片表面淡粉红色。大树形态：树干通直，略扁圆，尖削度小，顶端优势明显；树皮浅纵裂；树冠长卵形，冠幅中等；分枝细，较稀疏，侧枝层次明显，枝角 50° ~ 60°。叶较小，数量多。美洲黑杨，雌性，成熟花序长 9 ~ 11cm。‘鲁林 2 号杨’与对照品种比较的不同点为：‘鲁林 2 号杨’1 年生苗芽半贴近茎干，大树分枝层次明显；母本‘I-72 杨’苗木芽贴近茎干，母本‘I-72 杨’分枝层次不明显。‘鲁林 2 号杨’速生，8 年生平均单株材积比美洲黑杨品种‘中菏 1 号’大 25.5%，比欧美杨品种‘I-107’大 14.7%。‘鲁林 2 号’杨喜水肥，有条件可多次浇水施肥，在速生期之前应浇水和施肥，5、6 月份视旱情适时浇水，春季宜施以氮肥为主的速效肥，秋季宜施复混肥或有机肥；苗期要预防天牛、白杨透翅蛾等蛀干害虫；幼树期要预防杨树溃疡病等。

鲁林3号杨

（杨属）

联系人：姜岳忠　地址：山东省济南市文化东路42号 250014
电话：0531-88557765/88932824　国家：中国

申请日：2008-04-17
申请号：20080021
品种权号：20080031
授权日：2008-12-02
授权公告号：第0809号
授权公告日：2008-12-10
品种权人：山东省林业科学研究院
培育人：姜岳忠、秦光华、乔玉玲、王彦、王卫东、荀守华、王月海

品种特征特性：‘鲁林 3 号杨’系通过室内水培杨树花枝，人工控制授粉获得杂种，经过对杂种 F_1 代苗期筛选和无性系造林试验，测定成龄树的生长量、木材材性、抗病虫性、抗旱、抗涝等性能，以当前主栽品种‘中菏 1 号’和‘I-107’为对照优选获得。雄性，美洲黑杨。母本为美洲黑杨‘I-69’（*Populus deltoides* ‘Lux I-69’），由意大利杨树育种学家从黑杨的天然杂交种子中选育出来，1972 年由吴中伦引入中国。父本为美洲黑杨‘PE-3-71’（*Populus deltoides* ‘PE-3-71’），1987 年由山东省林业科学研究院从土耳其引进。‘鲁林 3 号杨’一年生苗茎表面棱角凹槽浅，光滑无毛，苗茎中上部皮孔长椭圆形或长线形，较稀疏，不规则分布，有少量分枝。芽锥形，红褐色，长 0.5 ~ 0.7cm，与茎干明显分离。叶片三角形，长 14 ~ 18cm，长宽比为 120% ~ 130%，叶片基部平截，先端细窄渐尖，叶基腺点 2 个，叶中脉部分红色，叶柄光滑无毛，叶片表面淡粉红色。大树形态：树干通直圆满，顶端优势明显；树皮浅纵裂；树冠长卵形，冠幅较窄；分枝粗度中等，较密集，枝角 45° 左右。叶较小，数量多。美洲黑杨，雄性，成熟花序长 7 ~ 8.5cm。‘鲁林 3 号杨’与对照品种比较的不同点为：‘鲁林 3 号杨’1 年生苗芽与茎干明显分离，大树主干通直圆满；母本‘I-69’杨苗木芽贴近茎干，树干稍弯。‘鲁林 3 号杨’速生，8 年生平均单株材积比山东省目前主栽的美洲黑杨品种‘中菏 1 号’大 21.9%，比我国目前广泛栽植的欧美杨品种‘I-107’大 11.4%。‘鲁林 3 号杨’喜水肥，有条件可多次浇水施肥，在速生期之前应浇水和施肥，5、6 月份视旱情适时浇水，春季宜施以氮肥为主的速效肥，秋季宜施复混肥或有机肥；苗期要预防天牛、白杨透翅蛾等蛀干害虫；幼树期要预防杨树溃疡病等。

青林

（核桃属）

联系人：侯立群　地址：山东省济南市文化东路42号　250014
电话：13608922929/0531-88557748　国家：中国

申请日：2007－11－16
申请号：20070055
品种权号：20080032
授权日：2008－12－02
授权公告号：第0809号
授权公告日：2008－12－10
品种权人：山东省林业科学研究院、泰安市绿园经济林果树研究所
培育人：侯立群、王钧毅、赵登超、杨克强、王迎、赵萍、李际华、王露琴

品种特征特性：‘青林’核桃属核桃科核桃属核桃种。落叶乔木，树姿直立，生长势强；树冠呈自然半圆形，分枝力强；树干通直，树干银褐色；当年生枝条浅褐色，多年生枝银白色，光滑，枝条粗壮；混合芽长圆形，与侧芽贴近，侧生混合芽率30%。‘青林’核桃速生性状的遗传力较高，可实生繁殖，是很好的林果兼用型核桃育种材料。‘青林’核桃每结果母枝可抽生2～3条结果枝；每个雌花序多着生2～3朵雌花，少有4朵，柱头颜色淡黄，雌花坐果率80%左右；为雌先型品种；平均每果枝坐果2～3个；雄花序平均长度15～20cm。结果枝平均长度为15.44cm、粗度为0.93cm、节间长1.37cm，枝条无茸毛，着生复叶5～7片；叶色浓绿，全缘，复叶长47.9cm，复叶柄长27.7cm；小叶数7～9片，小叶长18.8cm，宽12.95cm。果实绿色，长卵圆形，果点较密，果面茸毛较多；坚果长椭圆形，果基圆，果顶微尖；仁重7.27g，出仁率40.12%左右，脂肪含量67.7%，脂肪含量13.79%。核桃自然授粉方式为异花授粉，但实验证明有30%～40%的品种能够孤雌生殖（无融合生殖）。特异性：干形好，生长量大。‘青林’核桃树干通直圆满主干达冠顶，长势旺，分枝力强；树高年平均生长量1.5m，胸径年平均生长量2.0cm，对照普通核桃树高年平均生长量0.77m，胸径年平均生长量1.01cm。萌芽晚，避免晚霜危险。在山东省泰安地区，‘青林’核桃于3月下旬萌芽，4月初展叶并开始新梢生长。果实成熟期9月下旬，较普通核桃晚15～20天。品种一致性：‘青林’核桃实生繁殖后代70%以上的干形和果实特征性表现一致。方差分析结果，6年实生生子代树高标准差为0.36，胸径标准差为0.91。品种稳定性：‘青林’核桃母树种子繁殖的子代多数表现出与母本相同或相似的形态特征和结实特性。遗传分析结果，6年生实生子代树高遗传力为75.61%

松针

（银杏）

联系人：王迎　地址：山东省泰安市罗汉崖路1号 271000
电话：0538-6302009/6215136　国家：中国

申请日：2008－04－17
申请号：20080033
品种权号：20080033
授权日：2008－12－02
授权公告号：第0809号
授权公告日：2008－12－10
品种权人：泰安市泰山林业科学研究院、泰山银杏开发研究联谊会
培育人：王迎、宋承东、郭善基、张泰岩、黄迎山

品种特征特性：‘松针’在山东郯城县塔上乡樊埝村进行银杏普查时，于该村村委会所在地院内的一株银杏大树上，发现其树冠中部的西北方向有一斜出的粗大主枝呈现特异状态，将该树所产银杏种实之形态特异的枝条采回进行沙藏，于翌年春季用插皮舌接法嫁接于银杏资源圃中盆栽的银杏苗木上，嫁接获得。‘松针’为落叶乔木，树冠广卵形；树皮灰褐色，深纵裂；一年生枝淡绿色，后转灰白色，并有细纵裂纹；枝有长短之分，短枝上的叶簇生，长枝上的叶螺旋状散生；枝条顶端叶片扇形，有两叉状叶脉，一般有奇数对称3～5裂，中裂深达叶长1/2～2/3，有长柄；枝条中部至基部有少量针状和筒状叶片，针状叶片的形状极似松针；雌雄异株，球花生于短枝顶的叶腋或苞腋，花期4～5月，雄球花为柔荑花序，雌球花有长梗，梗端有1～2盘状珠座，每座生1胚珠，发育成种子；种子核果状，近球形，外种皮肉质，有白粉；10～11月果熟，熟时淡黄或橙黄色，有臭味；中种皮骨质，白色；内种皮膜质，种仁生食无苦味。‘松针’与对照品种普通银杏比较性状差异如下：‘松针’的叶片形状为针形、筒形、条状深裂的扇形或半扇形；而银杏为扇形。‘松针’应用于行道、公园、庭院、广场、旅游景点等。

夏金

（银杏）

联系人：王迎　地址：山东省泰安市罗汉崖路1号 271000
电话：0538-6302009/6215136　国家：中国

申请日：2008-07-07
申请号：20080034
品种权号：20080034
授权日：2008-12-02
授权公告号：第0809号
授权公告日：2008-12-10
品种权人：泰安市泰山林业科学研究院、泰山银杏开发研究联谊会
培育人：王迎、宋承东、郭善基、张泰岩、黄迎山

品种特征特性：‘夏金’是自2001年起收集各类黄叶银杏种质资源，经几年来的优选比较试验，从来自湖北省利川县的黄叶银杏通过嫁接筛选获得。‘夏金’为落叶乔木，树冠广卵形；树皮灰褐色，深纵裂；一年生枝淡绿色，后转灰白色，并有细纵裂纹；枝有长短之分，短枝上的叶簇生，长枝上的叶螺旋状散生；叶片为扇形，中裂极浅，叶缘浅波状，有长柄；春季叶片色泽金黄，至夏季叶片虽有个别转为黄绿，但大部分叶片依然金黄；雌雄异株，球花生于短枝顶的叶腋或苞腋，花期4～5月，雄球花为柔荑花序，雌球花有长梗，梗端有1～2盘状珠座，每座生1胚珠，发育成种子；种子核果状，近球形，外种皮肉质，有白粉。10～11月果熟，熟时淡黄或橙黄色，有臭味；中种皮骨质，白色；内种皮膜质。‘夏金’与对照品种黄叶银杏比较性状差异如下：‘夏金’的叶片颜色为春季金黄色，夏季少部分变黄绿色，而黄叶的叶片颜色为春季黄色，夏季大部分变黄绿色；‘夏金’的叶片焦边现象，而黄叶的叶片焦边现象较重。‘夏金’的生态习性与普通银杏相似，对气候、土壤的要求与普通银杏相同。

凌丰1号

（杨属）

联系人：苏晓华　地址：北京颐和园后中国林业科学研究院林业研究所 100091
电话：010-62889627/62872015　国家：中国

申请日：2008-9-11
申请号：20080046
品种权号：20080035
授权日：2008-12-02
授权公告号：第0809号
授权公告日：2008-12-10
品种权人：中国林业科学研究院林业研究所
培育人：苏晓华、王胜东、黄秦军、茼胜军

品种特征特性：该品种具有典型的欧美杨形态特征。树干通直，窄冠，树皮灰褐色，幼树皮孔菱形，较小；侧枝较细：一年生幼茎上部有棱，下部无棱，早春初放幼叶红色，叶多为三角形，边缘多有微波浪，具细锯齿，叶尖多偏渐尖，叶基平截。该品种在年平均气温10℃，平均降雨500mm，无霜期190天左右的辽西地区雨养下生长良好，造林成活率高，年最低温 -25℃下没见冻害，且迄今无任何病虫害发生。2008年对辽宁省凌海市金城原种厂肥力一般的无性系对比林中生长表现是：5根4干‘凌丰1号’杨树高达13.0m，胸径达18.1cm，分别超过当地主栽品种盖杨（树高12.7m，胸径15.7cm）2.36%和15.29%，超过3930（树高12.1m，胸径13.0cm）7.44%和39.23%。超目前生产推广良种‘108杨’3.17%和9.70%，体现了优良速生特性和抗病虫能力。适合作为各种工业原料，包括纸浆、胶合板等。一致性：该品种属单无性系，无性繁殖，具有一致性。稳定性：该品种属于无性系繁殖扩大生产，在各试验点生长和形态保持稳定，生产力超过当地对照品种。

凌丰2号

（杨属）

联系人：苏晓华　地址：北京颐和园后中国林业科学研究院林业研究所 100091
电话：010-62889627/62872015　国家：中国

申请日：2008-9-11
申请号：20080047
品种权号：20080036
授权日：2008-12-02
授权公告号：第0809号
授权公告日：2008-12-10
品种权人：中国林业科学研究院林业研究所
培育人：苏晓华、王胜东、黄秦军、尚胜军、张香华

品种特征特性：该品种具有欧美杨形态特征，近美洲黑杨，树冠长椭圆形，冠幅中等，树皮红褐色，幼树浅纵裂，皮孔较密但较浅；径与中部分枝夹角50°左右；一年生幼茎上部棱不明显，部分下部棱明显，早春初放叶略红，叶多为三角形，萌生叶宽略大于长，具细锯齿，叶尖渐尖，叶基浅心形至平截，中叶脉与下端第二叶脉夹角80°左右，叶柄与中叶脉比为1∶1.5～2。该品种在年平均气温10℃，平均降雨500mm，无霜期190天左右的辽西地区雨养下生长良好，年最低温-25℃下没见冻害，且迄今无任何病虫害发生，对溃疡病抗性强。2008年对辽宁省凌海市金城原种厂肥力一般的无性系对比林中生长表现是：5根4干‘凌丰2号’杨树高达13.2m，胸径达17.5cm，分别超过当地主栽品种‘盖杨’3.94%和11.46%，超过‘3930杨’9.09%和34.62%。超目前生产推广良种‘108杨’4.76%和6.06%，体现了优良速生特性和抗病虫能力。适合作为各种工业原料，包括纸浆、胶合板等。一致性：该品种属单无性系，无性繁殖，具有一致性。稳定性：该品种属于无性系繁殖扩大生产，在各试验点生长和形态保持稳定，生产力超过当地对照品种。

凌丰3号

（杨属）

联系人：苏晓华　地址：北京颐和园后中国林业科学研究院林业研究所 100091
电话：010-62889627/62872015　国家：中国

申请日：2008-9-11
申请号：20080048
品种权号：20080037
授权日：2008-12-02
授权公告号：第0809号
授权公告日：2008-12-10
品种权人：中国林业科学研究院林业研究所
培育人：苏晓华、杨志岩、黄秦军、王胜东、苘胜军

品种特征特性：该品种具有欧美杨形态特征，近美洲黑杨，树冠长椭圆形，冠幅中等，树皮红褐色，幼树浅纵裂，皮孔较密但较浅；径与中部分枝夹角55°左右；一年生枝棱不明显；皮孔稀疏、短柱状，分布不均匀；早春初放叶略红，叶多为三角形，具细锯齿，叶基平截，中叶脉与下端第二叶脉夹角70°左右，叶柄与中叶脉比为1：2。该品种在年平均气温10℃，平均降雨500mm，无霜期190天左右的辽西地区雨养下生长良好，造林成活率高，养分利用率高（节肥），年最低温 -25℃下没见冻害，且迄今无任何病虫害发生，对溃疡病抗性强。2008年对辽宁省凌海市金城原种厂肥力一般的无性系对比林中生长表现是：5根4干'凌丰3号'杨树高达13.7m，胸径达17.4cm，分别超过当地主栽品种'盖杨'的7.87%和10.83%，'3930杨'的13.22%和33.85%，超目前生产推广良种'108杨'8.73%和5.45%，体现了优良速生特性和抗病虫能力。适合作为各种工业原料，包括纸浆、胶合板等。一致性：该品种属单无性系，无性繁殖，具有一致性。稳定性：该品种属于无性系繁殖扩大生产，在各试验点生长和形态保持稳定，生产力超过当地对照品种。

凌丰4号

（杨属）

联系人：苏晓华　地址：北京颐和园后中国林业科学研究院林业研究所 100091
电话：010-62889627/62872015　国家：中国

申请日：2008-9-11
申请号：20080049
品种权号：20080038
授权日：2008-12-02
授权公告号：第0809号
授权公告日：2008-12-10
品种权人：中国林业科学研究院林业研究所
培育人：苏晓华、尚胜军、黄秦军、王胜东、张冰玉

品种特征特性：该品种具有典型的欧美杨形态特征，树干通直，窄冠，树皮灰褐色，幼树皮孔菱形，灰白色，大小为中等，基部浅裂；侧枝较细，径与中部分枝夹角45°左右：一年生幼茎上部有棱，下部无棱，早春初放叶暗红，以后新生叶浅红色，叶多为三角形，萌生叶宽略大于长，叶正面深绿，反面浅绿，边缘多有微波浪，具细锯齿，叶尖偏渐尖，叶基宽楔至平截，中叶脉与下端第二叶脉夹角60°左右，叶柄与中叶脉比为1∶1.5～2。该品种在年平均气温10℃，平均降雨500mm，无霜期190天左右的辽西地区雨养下生长良好，造林成活率高年，最低温-25℃下没有冻害，无叶部病害，也未见蛀干害虫危害。2008年对辽宁省凌海市金城原种厂肥力一般的无性系对比林中生长表现是：5根4干'凌丰4号'杨树高达12.9m，胸径达16.9cm，分别超过当地主栽品种'盖杨'的1.57%和7.64%，'3930杨'的6.61%和30.0%，超目前生产推广良种'108杨'2.38%和2.42%，体现了优良速生特性和抗病虫能力。一致性：该品种属单无性系，无性繁殖，具有一致性。稳定性：该品种属于无性系繁殖扩大生产，在各试验点生长和形态保持稳定，生产力超过当地对照品种。

凌丰5号

（杨属）

联系人：苏晓华　地址：北京颐和园后中国林业科学研究院林业研究所 100091
电话：010-62889627/62872015　国家：中国

申请日：2008-9-11
申请号：20080050
品种权号：20080039
授权日：2008-12-02
授权公告号：第0809号
授权公告日：2008-12-10
品种权人：中国林业科学研究院林业研究所
培育人：苏晓华、王胜东、黄秦军、尚胜军、杨成超

品种特征特性：该品种具有典型的欧美杨形态特征，树干通直，窄冠，树皮灰褐色，幼树皮孔菱形，灰白色，密集，较大，基部浅裂；侧枝较细，径与中部分枝夹角45°左右；一年生幼茎上部有棱，下部无棱，早春初放叶暗红，以后新生叶浅红色，叶多为三角形，萌生叶宽略大于长，边缘多有微波浪，具细锯齿，叶尖钝尖，叶基平截，中叶脉与下端第二叶脉夹角65°左右，叶柄与中叶脉比为1：1.5～2。该品种在年平均气温10℃，平均降雨500mm，无霜期190天左右的辽西地区雨养下生长良好，造林成活率高，在年最低温-25℃下没见冻害，未见蛀干害虫，无叶部病害。在锦州地区，5根4干‘凌丰5号’杨树高达13.8m，胸径达16.8cm，分别超过当地主栽品种‘盖杨’的8.66%和7.01%，‘3930杨’的14.05%和29.23%。超目前生产推广良种‘108杨’9.52%和1.82%，体现了优良速生特性和抗病虫性及强的立地适应能力。适合作为各种工业原料，包括纸浆、胶合板等。一致性：该品种属单无性系，无性繁殖，具有一致性。稳定性：该品种属于无性系繁殖扩大生产，在各试验点生长和形态保持稳定，生产力超过当地对照品种。

黄金甲

（黄杨属）

联系人：张丹　电话：13703719689
国家：中国

申请日：2007-12-25
申请号：20070061
品种权号：20080040
授权日：2008-12-02
授权公告号：第0809号
授权公告日：2008-12-10
品种权人：河南省红枫实业有限公司
培育人：张丹、张家勋、张茂

品种特征特性：‘黄金甲’是对北海道黄杨采取自然杂交和人工授粉相结合的方法，从获得的子代苗中选育出来的变异品种。黄金甲为不落叶小乔木；叶片光亮，厚革质，近圆形，长5～6cm，宽4～5cm，叶缘浅波状，叶柄长1cm左右；叶色金黄色与碧绿色相间，黄色面积平均，无色变现象；聚伞花序腋生；花浅黄绿色，直径约0.6～1cm，花丝细长，花盘肥大；果实为球形硕果。‘黄金甲’与对照品种‘北海道黄杨’比较的不同点如下：‘黄金甲’的叶片颜色为金黄色与碧绿色相间，而‘北海道黄杨’为绿色；‘黄金甲’的变异情况为无，而‘北海道黄杨’为易出现；‘黄金甲’的挂果量为大，而‘北海道黄杨’为一般。‘黄金甲’对土壤、气候要求不严，分布广泛。

龙樟脑L-1

（樟属）

联系人：何洪城　地址：湖南省新晃县波洲镇暮山坪村 419200
电话：0745-6422272/13407450058/0745-6421888　国家：中国

申请日：2008-02-17
申请号：20080008
品种权号：20090001
授权日：2009-12-31
授权公告号：2010年第3号
授权公告日：2010-02-11
品种权人：湖南省新晃县龙脑开发有限责任公司
培育人：宁石林、何洪城、孙秀泉、姚城伍、殷菲、刘清华

品种特征特性：‘龙脑樟 L-1’是进行林业资源普查时发现的含有右旋龙脑的母树，从该母树上剪取部分枝条进行无性系扦插育种获得的。‘龙脑樟 L-1’为常绿乔木，树冠庞大，宽卵形。幼树树皮青嫩，微显红褐色，平滑有光，成年树树皮灰褐色，有规则的纵裂纹；叶薄革质，互生，椭圆形，长 6 ~ 12cm，宽 3 ~ 6cm，叶背灰绿色，两面无毛，先端短渐尖，基部楔形，鲜叶下面无白粉，光滑，边缘波状；芽苞深绿色；花絮长 4～7cm，花黄绿色；果球形，成熟时紫黑色，果托杯状，果梗不增粗。右旋龙脑含量 2% ~ 3%。‘龙脑樟 L-1’与普通樟树比较的不同点为：‘龙脑樟 L-1’叶基部楔形，无白粉；普通樟树叶基部椭圆，有白粉；‘龙脑樟 L-1’芽苞深绿色，普通樟树芽苞青绿色；‘龙脑樟 L-1’右旋龙脑含量 2% ~ 3%，普通樟树不含右旋龙脑。‘龙脑樟 L-1’适宜土质疏松，通气良好的土壤条件。

俏金星

（芍药属）

联系人：刘冬　地址：北京市海淀区清华东路35号 100083
电话：010-62336126　国家：中国

申请日：2007-02-26
申请号：20070003
品种权号：20090002
授权日：2009-12-31
授权公告号：2010年第3号
授权公告日：2010-02-11
品种权人：北京林业大学
培育人：王莲英、王福、李清道

品种特征特性：‘俏金星’的母本为黄牡丹（瓣基有红晕），父本为栽培品种‘户川寒’。‘俏金星’株形低矮紧凑，地下茎多；二回三出羽状复叶，小叶 15 枚，叶绿色；花黄色，瓣基有放射状红条纹，单瓣型；花丝、柱头紫红色，心皮 2。特异之处在于株形矮，4 年生苗高仅 38cm，地下茎多，适宜盆栽；花黄色，瓣基有放射状红条纹，花冠小而不垂头，是典型的微型品种；无近似品种。‘俏金星’适宜在牡丹适宜种植的区域栽培。

艳金星

（芍药属）

联系人：刘冬　地址：北京市海淀区清华东路35号　100083
电话：010-62336126　国家：中国

申请日：2007-02-26
申请号：20070004
品种权号：20090003
授权日：2009-12-31
授权公告号：2010年第3号
授权公告日：2010-02-11
品种权人：北京林业大学
培育人：王莲英、王福、李清道

品种特征特性：‘艳金星’的母本为黄牡丹，父本为栽培品种‘金帝’。‘艳金星’株形直立；二回三出羽状复叶，小叶15枚，叶背浅绿色；花橘黄色，瓣基有放射状紫红斑，花瓣10枚，2轮，单瓣型，花冠小，8cm × 3cm，花丝、柱头紫红色，心皮5。特异之处在于花冠小巧，花橘黄色，瓣基有放射状紫红斑，国内现有栽培品种尚无这类花色，无近似品种。‘艳金星’适宜在牡丹适宜种植的区域栽培。

华夏隐斑白

（芍药属）

联系人：刘冬　地址：北京市海淀区清华东路35号　100083
电话：010-62336126　国家：中国

申请日：2007–02–26
申请号：20070005
品种权号：20090004
授权日：2009–12–31
授权公告号：2010年第3号
授权公告日：2010–02–11
品种权人：北京林业大学
培育人：王莲英、王福、李清道

品种特征特性：‘华夏隐斑白’是从紫斑牡丹的实生苗中选育获得的。‘华夏隐斑白’植株高大；三回三出羽状复叶，叶片浅绿色，叶背无毛；花白色，花丝、房衣、柱头白色，花瓣基具不明显浅粉色晕，成花率高。特异之处在于‘华夏隐斑白’叶片与株形、花丝、房衣、柱头的色泽虽与紫斑牡丹及其相似，但瓣基仅具晕而无紫斑，这一点与紫斑牡丹显著不同，它也是现有紫斑牡丹栽培品种群中所没有出现过的新类型。‘华夏隐斑白’适宜在牡丹适宜种植的区域栽培。

华夏玫瑰红

（芍药属）

联系人：刘冬　地址：北京市海淀区清华东路35号 100083
电话：010-62336126　国家：中国

申请日：2007-02-26
申请号：20070006
品种权号：20090005
授权日：2009-12-31
授权公告号：2010年第3号
授权公告日：2010-02-11
品种权人：北京林业大学
培育人：王莲英、袁涛、王福、李清道

品种特征特性：‘华夏玫瑰红’的母本为紫牡丹，父本为紫斑牡丹。‘华夏玫瑰红’株形直立；二回羽状复叶，小叶15，顶小叶深裂，叶缘波曲有紫晕，叶片斜伸，叶柄槽浅棕黄色，下表面绿白色；花蕾圆尖，花纯玫瑰红色，荷花形，花瓣大而硬，瓣缘波曲，瓣基部有紫斑，瓣背具黄白色条纹；花丝紫褐色，房衣近肉质，柱头紫红色，心皮5个，成花率高，侧开。特异之处在于‘华夏玫瑰红’为纯玫瑰红色，而亲本紫牡丹和紫斑牡丹的花色分别为紫色和白色，其他性状介于革质花盘亚组和肉质花盘亚组之间，不结实，是非常明显的组间远缘杂交后代，在中国栽培牡丹中首次培育成功。‘华夏玫瑰红’适宜在牡丹适宜种植的区域栽培。

华夏一品黄

（芍药属）

联系人：刘冬　地址：北京市海淀区清华东路35号 100083
电话：010-62336126　国家：中国

申请日：2007－02－26
申请号：20070007
品种权号：20090006
授权日：2009－12－31
授权公告号：2010年第3号
授权公告日：2010－02－11
品种权人：北京林业大学
培育人：王莲英、袁涛、王福、李清道

品种特征特性：‘华夏一品黄’的母本为紫牡丹，父本为栽培品种‘白神’。‘华夏一品黄’株形直立；二回三出羽状复叶，9 小叶，顶小叶深裂，叶缘和叶背有紫红色晕；花蕾狭长卵形，花黄色，荷花形，瓣基无紫晕，花丝紫红色，房衣半革质，绿白色，包围心皮 2/3 以上，柱头黄白色，成花率高。特异之处在于叶片不同于亲本而是兼有两亲本特点，花色是国内现有品种中真正的黄色。与母本区别在于没有侧花蕾，花黄色而父本花白色，花朵的其他性状介于两亲本之间。近似品种为‘姚黄’，但‘姚黄’并非真正的黄色品种，色淡，且开放后更接近白色；‘姚黄’花形为皇冠形，‘华夏一品黄’为荷花形。‘华夏一品黄’适宜在牡丹适宜种植的区域栽培。

华夏双娇

（芍药属）

联系人：刘冬　地址：北京市海淀区清华东路35号 100083
电话：010-62336126　国家：中国

申请日：2007–02–26
申请号：20070008
品种权号：20090007
授权日：2009–12–31
授权公告号：2010年第3号
授权公告日：2010–02–11
品种权人：北京林业大学
培育人：王莲英、王福、李清道

品种特征特性：‘华夏双娇’的母本为黄牡丹，父本为栽培品种‘金帝’。‘华夏双娇’株形直立；二回羽状复叶，小叶15枚，叶绿色有紫晕，下表面绿白色；花蕾狭长卵形，花瓣8枚，单瓣型；花浅橘黄色，边缘有橘红色镶边，花瓣中间凸起，有黄绿色条纹；花丝紫红色，柱头黄白色，心皮3，成花率高。特异之处在于花浅橘黄色，边缘有橘红色镶边，属复色品种。现有栽培品种无近似花色，另外该品种营养生长期短，播种2年后即可开花，现有品种中无近似品种。‘华夏双娇’适宜在牡丹适宜种植的区域栽培。

华夏红

（芍药属）

联系人：刘冬　地址：北京市海淀区清华东路35号　100083
电话：010-62336126　国家：中国

申请日：2007-02-26
申请号：20070009
品种权号：20090008
授权日：2009-12-31
授权公告号：2010年第3号
授权公告日：2010-02-11
品种权人：北京林业大学
培育人：王莲英、王福、李清道

品种特征特性：‘华夏红’的母本为紫牡丹，父本为栽培品种‘日向’。‘华夏红’株形直立；二回羽状复叶，小叶15枚，秋季叶片转为紫红色；花蕾圆，花红色，单瓣型，瓣基橘红色，瓣背具黄色条状晕，花瓣边缘皱褶，顶部下凹，花药橘红色，花丝红色，房衣近肉质，心皮2～4枚，柱头红色，成花率高，侧开。特异之处在于‘华夏红’花色纯，近似国旗色，而父本紫牡丹花紫色、紫褐色或紫红色，母本‘日向’花红色。‘华夏红’秋季叶色转红，也是两亲本没有的特点。目前的栽培品种中没有与之近似的品种。‘华夏红’适宜在牡丹适宜种植的区域栽培。

涌金

（樟属）

联系人：王建军　地址：浙江省宁波市海曙区宝善路143弄85号 315012
电话：13600622469/0574-87169321　国家：中国

申请日：2008-09-05
申请号：20080044
品种权号：20090009
授权日：2009-13-31
授权公告号：2010年第3号
授权公告日：2010-02-11
品种权人：宁波市林业局林特种苗繁育中心
培育人：王建军

品种特征特性：乔木，树皮黄色或棕色。小枝红色。叶近革质，卵形，长 6 ～ 8cm，宽 3 ～ 4cm，新叶金黄色，成熟后呈淡黄色；花序腋生，长 4 ～ 7cm，金黄色；花金黄色，长 3mm；花梗金黄色，长 1 ～ 2mm；果扁圆形，径 8 ～ 9mm，紫褐色或紫红色；果柄长 0.8 ～ 0.8cm，黄色；果梗长约 4 ～ 5cm，黄色；果托杯状，黄色；花期 3 ～ 5 月，果期 6 ～ 12 月。'涌金'枝初生时为嫩黄色，未木栓化时为红色，木栓化时为黄色或棕色，香樟分别为淡绿色或粉红色、绿色、黑色；'涌金'春季新叶初展为金黄色，成熟为淡黄色，香樟分别为绿色或粉红色、深绿色。'涌金'夏季新叶初展为米黄色或黄白色，成熟为浅黄色，香樟分别为绿色、深绿色；'涌金'花、花柄、花梗均为金黄色，香樟均为浅绿色；'涌金'未成熟的果皮为淡黄色，果柄为金黄色（如玉质），果梗为金黄色（如玉质），香樟均为绿色；'涌金'成熟的果皮为紫红色或紫褐色，果柄为黄色，果梗为黄色，香樟分别为紫黑色、淡绿色、淡绿色。一致性：本品种的所有嫁接、扦插苗，其叶芽、叶片、叶脉、叶柄、枝干颜色、以及叶色和枝干颜色的季相变化均表现一致。稳定性：本品自发现十年以来，其独特的金黄色叶片、鲜红色的枝干及季相变化等均能一直的、稳定的表现相同性状；本品种母树于 2007 年 3 月开始开花，经过了 2008 年，2 年间其花期、花色、花果、果柄与果梗颜色等也均能一致的表现相同性状。本品种的枝穗通过嫁接或扦插后，母本的优良性状均能在后代中得以体现。通过将繁育的幼苗在不同环境下进行栽种试验，母树的各种性状也能在幼树种得到稳定表现。

云艳

（蔷薇属）

联系人：张颢　地址：云南省昆明市北郊龙头街桃园村（云南省农业科学院花卉研究所） 650205
电话：0871-5895699/5892602　国家：中国

申请日：2008－01－30
申请号：20080005
品种权号：20090010
授权日：2009－12－31
授权公告号：2010年第3号
授权公告日：2010－02－11
品种权人：云南省农业科学院
培育人：张颢、李树发、王其刚、蹇红英、邱显钦、唐开学、王继华、瞿素萍、王丽花、陆琳

品种特征特性：‘云艳’是以切花月季（Movie Star）为母本（编号31），‘奶油妹’（Nai Youmei）为父本（编号16），经杂交选育获得的。‘云艳’为灌木，植株直立；切枝长度80～120cm，植株皮刺为凹陷深弯刺，花梗无细刺；叶卵形或宽披针形，深绿色（幼嫩叶红棕色，嫩枝棕色），叶背微红，较宽大，具贴生钝锯齿，叶脉清晰；花色粉红色，高心杯状，阔瓣大花型，单生于茎顶，花梗长而坚韧，花瓣数24～30枚，花冠8～10 cm；生长旺盛，耐低温性好，抗病性中等，年产量18枝/株；瓶插期8～12天。‘云艳’与父本‘奶油妹’、母本‘影星’和近似品种‘木瓜粉’比较的不同点如下：‘云艳’的嫩枝花青甙颜色为深棕褐色，而‘影星’、‘奶油妹’、‘木瓜粉’分别为深红棕色、红棕色、深红棕色；‘云艳’没有花梗部细刺，而‘影星’、‘奶油妹’、‘木瓜粉’的花梗部细刺数量分别为多、中等、少；‘云艳’的顶部叶片长度、宽度(cm)为8.2×4.2，而‘影星’、‘奶油妹’、‘木瓜粉’分别为7×4.0、6.6×4、5.8×4；‘云艳’的花瓣数量为24～30，而‘影星’、‘奶油妹’、‘木瓜粉’分别为32～35、30～35、25～35；‘云艳’的萼片分叉为中等，而‘影星’、‘奶油妹’、‘木瓜粉’分别为中等、中等、强；‘云艳’的花瓣正面中部区域的颜色为54D，而‘影星’、‘奶油妹’、‘木瓜粉’分别为41B、155A、25D；‘云艳’的花瓣正面边缘区域的颜色为55B，而‘影星’、‘奶油妹’、‘木瓜粉’分别为42C、138D、26B；‘云艳’的花瓣背面中部区域的颜色为55B，而‘影星’、‘奶油妹’、‘木瓜粉’分别为39A、155B、26C；‘云艳’的花瓣背面边缘区域的颜色为55B，而‘影星’、‘奶油妹’、‘木瓜粉’分别为39B、65A、26B；‘云艳’的花瓣边缘向下翻卷程度为中等，而‘影星’、‘奶油妹’、‘木瓜粉’分别为强、强、强。‘云艳’适于在温带地区，温室大棚种植。

蜜糖

（蔷薇属）

联系人：张颢　地址：云南省昆明市北郊龙头街桃园村（云南省农业科学院花卉研究所）650205
电话：0871-5895699/5892602　国家：中国

申请日：2008-01-30
申请号：20080006
品种权号：20090011
授权日：2009-12-31
授权公告号：2010年第3号
授权公告日：2010-02-11
品种权人：云南省农业科学院
培育人：张颢、李树发、王其刚、蹇红英、邱显钦、唐开学、王继华、瞿素萍、王丽花、陆琳

品种特征特性：‘蜜糖’是以切花月季‘好莱坞’（Hollywood）为母本（编号21），‘镭射’（Laser）为父本（编号6），经杂交选育获得的。‘蜜糖’为灌木，植株直立，枝微开张，切枝长度60～100cm；植株皮刺为基部平直刺，红褐色，在茎的中上部近无刺，茎的中下部较多；小叶卵形或圆形，暗绿色（嫩叶微红嫩枝红棕色），叶背微红，较小，有细锐锯齿，叶脉清晰；花黄白色微粉，生于茎顶，花梗长而坚韧，高心阔瓣大花型，内外花瓣颜色均匀，花瓣数27～35枚，花冠8～12cm；生长旺盛，年产量20枝／株；瓶插期8～10天。‘蜜糖’与父本‘镭射’、母本‘好莱坞’和近似品种‘永恒’比较的不同点如下：‘蜜糖’的嫩枝花青甙显色为中等，而‘好莱坞’、‘镭射’、‘永恒’分别为强、强、强；‘蜜糖’的嫩枝花青甙颜色为深红棕色，而‘好莱坞’、‘镭射’、‘永恒’分别为红棕色、红棕色、红棕色；‘蜜糖’的叶片大小为小，而‘好莱坞’、‘镭射’、‘永恒’分别为中等、中等、中等。‘蜜糖’的顶部叶片长度、宽度（cm）为5.9×3.8，而‘好莱坞’、‘镭射’、‘永恒’分别为7.8×4.8、6.2×4.1、6.4×4.8；‘蜜糖’的花瓣数量为27～35，而‘好莱坞’、‘镭射’、‘永恒’分别为30～35、30～35、30～36；‘蜜糖’的萼片分叉为少，而‘好莱坞’、‘镭射’、‘永恒’分别为少、少、中等；‘蜜糖’的花瓣正面中部区域的颜色为157C，而‘好莱坞’、‘镭射’、‘永恒’分别为157B、N66C、160C；‘蜜糖’的花瓣正面边缘区域的颜色为158D，而‘好莱坞’、‘镭射’、‘永恒’分别为157A、N57B、160D；‘蜜糖’的花瓣背面中部区域的颜色为157C，而‘好莱坞’、‘镭射’、‘永恒’分别为157A、68B、160C；‘蜜糖’的花瓣背面边缘区域的颜色为158D，而‘好莱坞’、‘镭射’、‘永恒’分别为157B、68A、160D；‘蜜糖’的花瓣边缘向下翻卷程度为中等，而‘好莱坞’、‘镭射’、‘永恒’分别为强、强、中等。‘蜜糖’适于在温带地区，温室大棚种植。

粉妆

（蔷薇属）

联系人：张颢　地址：云南省昆明市北郊龙头街桃园村（云南省农业科学院花卉研究所）650205
电话：0871-5895699/5892602　国家：中国

申请日：2008－01－30
申请号：20080007
品种权号：20090012
授权日：2009－12－31
授权公告号：2010年第3号
授权公告日：2010－02－11
品种权人：云南省农业科学院
培育人：张颢、李树发、王其刚、蹇红英、邱显钦、唐开学、王继华、瞿素萍、王丽花、陆琳

品种特征特性：‘粉妆’是用切花月季‘奥塞娜’（Osiana）为母本（编号7）与‘镭射’（Laser）为父本（编号6），经杂交、胚挽救选育获得的。‘粉妆’为灌木，植株直立，切枝长度55～75cm；叶卵形或圆形，深绿色（嫩叶微红、嫩枝红棕色），叶背淡绿色，边缘具细锐锯齿，革质较小，有光泽，叶脉清晰；植株皮刺为凹陷深弯刺，较小红褐色，在茎上分布均匀；花粉色，单生于茎顶，花梗长而坚韧，高心杯状阔瓣型，花瓣内外花色较均匀，花瓣数24～37枚，花冠8～12cm；生长旺盛，抗病中等，年产切花20枝／株；瓶插期8～10天。‘粉妆’与父本‘镭射’、母本‘奥塞娜’和近似品种‘王后’比较的不同点如下：‘粉妆’的嫩枝花青甙颜色，而‘奥塞娜’、‘镭射’、‘王后’分别为深棕褐色、棕褐色、红棕色、暗棕色；粉妆的雌／雄蕊颜色，而‘奥塞娜’、‘镭射’、‘王后’分别为粉红／黄、黄／黄、浅粉／粉黄、粉红／粉黄；‘粉妆’的叶片大小，而‘奥塞娜’、‘镭射’、‘王后’分别为小、中等、中等偏小、中等偏小；‘粉妆’的顶部叶片长度、宽度(cm)，而‘奥塞娜’、‘镭射’、‘王后’分别为4×2.8、7.4×4.4、6.2×4.1、6.1×4.1；‘粉妆’的花瓣数量，而‘奥塞娜’、‘镭射’、‘王后’分别为24～37、27～35、30～35、35～42；‘粉妆’的萼片分叉，而‘奥塞娜’、‘镭射’、‘王后’分别为中等、强、中等、强；‘粉妆’的花瓣正面中部区域的颜色，而‘奥塞娜’、‘镭射’、‘王后’分别为N155D、36C、N66C、N155C；‘粉妆’的花瓣正面边缘区域的颜色，而‘奥塞娜’、‘镭射’、‘王后’分别为N155C、36B、N57B、N155B；‘粉妆’的花瓣背面中部区域的颜色，而‘奥塞娜’、‘镭射’、‘王后’分别为N155C、27D、68B、N155C；‘粉妆’的花瓣背面边缘区域的颜色，而‘奥塞娜’、‘镭射’、‘王后’分别为N155B、36D、68A、N155C；‘粉妆’的花瓣边缘向下翻卷程度，而‘奥塞娜’、‘镭射’、‘王后’分别为中等、强、中等、中等。‘粉妆’适于在温带地区，温室大棚种植。

锦华栾

（栾树属）

联系人：范军科　地址：河南省许昌市园林局 461000
电话：13837485291/0374-2161187　国家：中国

申请日：2007–09–25
申请号：20070050
品种权号：20090013
授权日：2009–12–31
授权公告号：2010年第3号
授权公告日：2010–02–11
品种权人：范军科
培育人：范军科

品种特征特性：‘锦华栾’是对‘黄山栾’的变异枝条以靠接方法获得新单体株，通过嫁接繁殖培育获得。‘锦华栾’为落叶乔木，分枝低矮，树冠近圆球形；树皮橘红色至黄褐色；多分枝，小枝稍有圆棱；无顶芽，皮孔密生；二回奇数羽状复叶，羽片 5 ~ 10 对，小叶 5 ~ 15 枚，卵状披针形或椭圆状卵形，长 4 ~ 8cm，全缘或稀疏锯齿；在整个生长季节叶色呈粉红、鹅黄、深绿、脂白的多彩色状态。‘锦华栾’与对照品种‘黄山栾’比较的不同点如下：‘锦华栾’的树皮颜色为橘红色至黄褐色，而‘黄山栾’为灰褐色；‘锦华栾’的叶片颜色为整个生长季节叶色呈粉红、鹅黄、深绿、脂白变化，而‘黄山栾’为绿色。‘锦华栾’喜光、喜温暖湿润环境。

沁盛香花槐

（刺槐属）

联系人：郭锁胜　地址：山西省长治市沁源县沁河镇机关家属院三排三号 046500
电话：0355-7835780/13835537681　国家：中国

申请日：2008–04–08
申请号：20080018
品种权号：20090014
授权日：2009–12–31
授权公告号：2010年第3号
授权公告日：2010–02–11
品种权人：郭锁胜
培育人：郭锁胜

品种特征特性：特异性：‘沁盛香花槐’是嫁接繁殖，根系粗壮发达，像鸡爪形，牢牢固定在地里。外国香花槐根系浅，根细，卷曲形。该品种树干表皮光滑，明亮又光泽，外国香花槐树干表皮色泽灰暗。‘沁盛香花槐’直到晚秋下霜季节，叶片翠绿没有黄叶、落叶现象，外国香花槐夏季出现黄叶、落叶，有的落叶占树叶的 80%。‘沁盛香花槐’结有种子，外国香花槐不结种子。一致性和稳定性：根据 7 年来的试验表明，‘沁盛香花槐’当年能达到，树高 3.5m，胸径 5cm，平均树高 2.8m，胸径 1.5cm，整齐一致，优良性稳定，没有变异。

短花云丰

（板栗）

联系人：张卿　地址：北京市昌平区回龙观镇北农路7号 102206
电话：010-80799076/80795517　国家：中国

申请日：2008–10–07
申请号：20080057
品种权号：20090015
授权日：2009–12–31
授权公告号：2010年第3号
授权公告日：2010–02–11
品种权人：北京农学院
培育人：秦岭、杨东生、高天放、周自军、王铁明、冯永庆、田瑞冬

品种特征特性：‘短花云丰’母树树形为自然开心形，叶呈长椭圆形，叶尖渐尖，具浅锯齿，叶片光泽鲜亮，斜生至水平，叶基宽楔形，雄花序长度0.5～2.8cm；总苞扁椭圆形，均重45.38g，外被刺束每10～15刺成一束，刺较硬，刺长1.2cm，总苞皮厚2.7mm，成熟时总苞呈黄绿色或浅褐色，呈一字形开裂，平均每苞内含坚果2.6粒，坚果均重8.2g，肾形，外皮深红色至棕红色，厚0.438mm，有光泽，绒毛较多，主要分布于果尖与果顶，涩皮易剥离，果肉为淡黄色，糯质，适宜炒食。结果母枝平均抽生结果枝3.26个，每个结果枝平均着生总苞1.58个，出实率为39.1%。‘短花云丰’雄花序数量较少，斜生，一般长度为0.5～2.8cm，‘黑山寨7号’数量较少，斜生，一般长度为0.3～1cm，‘燕昌’数量多，一般长度为14.1～16.4cm；‘短花云丰’总苞扁椭圆形，外被刺较硬，苞皮厚2.7mm，成熟时呈一字开裂，平均每苞内含坚果2.6个，出实率39.1%。‘黑山寨7号’总苞呈椭圆形，刺数密度中，苞皮厚度中，成熟时呈十字开裂，平均每苞内含坚果2.1个。‘燕昌’球果呈椭圆形，总苞皮较厚，均重8.2g为0.28cm，平均每苞含坚果2.6个，开裂时呈十字形。出实率为40.5%；‘短花云丰’坚果肾形，外皮深红色至棕红色里面绒毛较多，主要分布于果尖与果顶，果肉质糯，涩皮易剥离。‘黑山寨7号’坚果椭圆形，均重8g，外种皮深褐色，果面绒毛少，光泽较亮，果肉质糯，涩皮易剥落。‘燕昌’坚果椭圆形，均重8.6g，果皮红褐色，果面绒毛多，主要分布于果顶，光泽中等，果质质糯，涩皮易剥离。根据多年来的观察，利用变异个体的接穗嫁接后的栗树，无论是成龄树，幼龄树与母株相比均保持了雄花序短小的性状，从而断定这种变异不是由于营养状况等外界因素变化而造成的饰变，而是染色体上发生的可遗传的变异。另外该芽变在果实形态、品质和产量上与原株相比均发生明显改变。

北林1号

（杨属）

联系人：康向阳　地址：北京市海淀区清华东路35号 100083
电话：010-62336168　国家：中国

申请日：2008-10-16
申请号：20080060
品种权号：20090016
授权日：2009-12-31
授权公告号：2010年第3号
授权公告日：2010-02-11
品种权人：北京林业大学
培育人：康向阳、张平冬、王君、李艳华、陈洪伟、宋连君、张有慧、李金忠、高鹏、王尚德

品种特征特性：雌株，树干通直，树皮灰绿色，光滑。皮孔小，菱形。树形开展，长卵形，侧枝细且稀疏，分布较均匀，分枝角小于或等于45°。长枝叶片大而浓绿，呈心形，先端急尖，基部明显心形，叶背部多绒毛。短枝叶卵圆形，先端渐尖，基部微心形，具波状粗锯齿，叶背部分有绒毛。‘北林1号’长枝叶心形；对照‘三毛杨3号’叶呈三角状卵形，掌状浅裂。一致性：染色体数目为2n=3x=57，前期生长迅速，无蹲苗期，年平均胸径生长量3～4cm，生长期为3月中旬～10月中旬。稳定性：‘北林1号’品种在不同地点的不同繁殖周期中，未发现染色体倍性变化；其适应性、丰产性、形态特征、繁殖习性、抗病性等方面均无较大变异。

北林2号

（杨属）

联系人：康向阳　地址：北京市海淀区清华东路35号 100083
电话：010-62336168　国家：中国

申请日：2008-10-06
申请号：20080061
品种权号：20090017
授权日：2009-12-31
授权公告号：2010年第3号
授权公告日：2010-02-11
品种权人：北京林业大学
培育人：康向阳、张平冬、王君、李艳华、陈洪伟、宋连君、张有慧、李金忠、高鹏、王尚德

品种特征特性：雌株，树干通直，树皮灰绿色，光滑。皮孔小，菱形，部分皮孔连生。树形开展，长卵形，侧枝细且均匀，分枝角约45°。长枝叶片大而浓绿，呈三角状卵形，先端急尖，基部微心形，掌状浅裂，叶背部多绒毛。短枝叶卵圆形，先端急尖，具波状粗锯齿，叶背部分有绒毛。‘北林2号’叶呈三角状卵形，掌状浅裂；对照‘三毛杨3号’叶呈三角状卵形，掌状浅裂。一致性：染色体数目为2n=3x=57，前期生长迅速，无蹲苗期，年平均胸径生长量3～4cm，生长期为3月中旬～10月中旬。稳定性：‘北林2号’品种在不同地点的不同繁殖周期中，未发现染色体倍性变化；其适应性、丰产性、形态特征、繁殖习性、抗病性等方面均无较大变异。

三毛杨7号

（杨属）

联系人：张志毅　地址：北京市海淀区清华东路35号 100083
电话：010-62338502　国家：中国

申请日：2008-10-16
申请号：20080062
品种权号：20090018
授权日：2009-12-31
授权公告号：2010年第3号
授权公告日：2010-02-11
品种权人：北京林业大学
培育人：朱之悌、林惠斌、张志毅、康向阳、张金凤、张平冬、李云、李金忠、张有慧

品种特征特性：雌株，叶片大，速生且造林不蹲苗。树干顶端稍有弯曲，树皮灰绿色或褐色，光滑。皮孔小，菱形。树形开展，广卵形，侧枝粗且系数，分枝角小于45°。叶片大而浓绿，长枝叶呈三角状卵形，先端急尖，基部心形，掌状浅裂，叶背部多绒毛。短枝叶卵圆形，先端渐尖，具深锯齿，叶背部分有绒毛。‘三毛杨7号’树皮灰绿色或褐色；对照‘三毛杨3号’树皮灰绿色或灰白。一致性：染色体数目为2n=3x=57，前期生长迅速，无蹲苗期，年平均胸径生长量3～4cm，生长期为3月中旬～10月中旬。稳定性：‘三毛杨7号’品种在不同地点的不同繁殖周期中，未发现染色体倍性变化；其适应性、丰产性、形态特征、繁殖习性、抗病性等方面均无较大变异。

三毛杨8号

（杨属）

联系人：张志毅　地址：北京市海淀区清华东路35号 100083
电话：010-62338502　国家：中国

申请日：2008–10–16
申请号：20080063
品种权号：20090019
授权日：2009–12–31
授权公告号：2010年第3号
授权公告日：2010–02–11
品种权人：北京林业大学
培育人：朱之悌、林慧斌、张志毅、康向阳、张金凤、张平冬、李云、李金忠、张有慧

品种特征特性：雌株，叶片大，树皮灰绿色或褐色，光滑。皮孔小，菱形，部分皮孔连生，数量多。树形开展，长卵形，侧枝粗度中等，分枝角大于45°。叶片大而浓绿，长枝叶呈三角状卵形，先端急尖，基部心形，掌状浅裂，叶背部多绒毛。短枝叶卵圆形，先端渐尖，基部微心形具深锯齿，叶背部分有绒毛。'三毛杨 8 号'树皮灰绿色或褐色，皮孔数量少；对照'三毛杨 3 号'树皮灰绿色或灰白，皮孔数量多。一致性：染色体数目为 2n=3x=57，前期生长迅速，无蹲苗期，年平均胸径生长量 3 ~ 4cm，生长期为 3 月中旬~ 10 月中旬。稳定性：'三毛杨 8 号'品种在不同地点的不同繁殖周期中，未发现染色体倍性变化；其适应性、丰产性、形态特征、繁殖习性、抗病性等方面均无较大变异。

三毛杨9号

（杨属）

联系人：张志毅　地址：北京市海淀区清华东路35号 100083
电话：010-62338502　国家：中国

申请日：2008-10-16
申请号：20080064
品种权号：20090020
授权日：2009-12-31
授权公告号：2010年第3号
授权公告日：2010-02-11
品种权人：北京林业大学
培育人：朱之悌、林惠斌、张志毅、康向阳、张金凤、张平冬、李云、李金忠、张有慧

品种特征特性：雌株，树干通直，树皮绿色或灰绿色，光滑。皮孔小，菱形，部分皮孔连生。树形开展，长卵形，侧枝细，分枝角大于45°。叶片大而浓绿，长枝叶呈圆形，先端渐尖，基部心形，叶背部多绒毛，叶缘具均匀锯齿。短枝叶心形，先端渐尖，基部微心形，叶缘具均匀锯齿，叶背部分有绒毛。‘三毛杨9号’叶部长枝叶心形，叶缘具2～4个粗锯齿；对照‘三毛杨3号’长枝叶三角状卵形，掌状深裂。一致性：染色体数目为2n=3x=57，前期生长迅速，无蹲苗期，年平均胸径生长量3～4cm，生长期为3月中旬～10月中旬。稳定性：‘三毛杨9号’品种在不同地点的不同繁殖周期中，未发现染色体倍性变化；其适应性、丰产性、形态特征、繁殖习性、抗病性等方面均无较大变异。

三毛杨10号

（杨属）

联系人：张志毅　地址：北京市海淀区清华东路35号 100083
电话：010-62338502　国家：中国

申请日：2008-10-16
申请号：20080065
品种权号：20090021
授权日：2009-12-31
授权公告号：2010年第3号
授权公告日：2010-02-11
品种权人：北京林业大学
培育人：朱之悌、林惠斌、张志毅、康向阳、张金凤、张平冬、李云、李金忠、张有慧

品种特征特性：雌株，树干通直，树皮绿色或灰绿色，光滑。皮孔小，菱形，部分皮孔连生。树冠相对窄，长卵形，侧枝细且稀疏，分枝角等于或大于45°。叶宽三角形，长枝叶心形，先端急尖，叶基心形，叶缘具不规则锯齿，两侧带翅，向叶正面卷翘，无裂片，叶背部多绒毛；短枝叶圆形，先端渐尖，基部微心形，叶背部分有绒毛。'三毛杨10号'叶部长枝叶心形，叶缘具2个粗锯齿；对照'三毛杨3号'长枝叶三角状卵形，掌状深裂。一致性：染色体数目为2n=3x=57，前期生长迅速，无蹲苗期，年平均胸径生长量3～4cm，生长期为3月中旬～10月中旬。稳定性：'三毛杨10号'品种在不同地点的不同繁殖周期中，未发现染色体倍性变化；其适应性、丰产性、形态特征、繁殖习性、抗病性等方面均无较大变异。

三毛杨11号

（杨属）

联系人：张志毅　地址：北京市海淀区清华东路35号 100083
电话：010-62338502　国家：中国

申请日：2008–10–16
申请号：20080066
品种权号：20090022
授权日：2009–12–31
授权公告号：2010年第3号
授权公告日：2010–02–11
品种权人：北京林业大学
培育人：朱之悌、林惠斌、张志毅、康向阳、张金凤、张平冬、李云、李金忠、张有慧

品种特征特性：雌株，树干通直，树皮绿色或灰绿色，光滑。皮孔小，菱形，部分皮孔连生。树形开展，长卵形，侧枝细，分枝角等于或大于45°。叶片大而浅绿，长枝叶圆形，先端急尖，叶基心形，叶背部多绒毛，具粗锯齿；短枝叶圆形，先端渐尖，基部微心形，叶背部分有绒毛。‘三毛杨11号’叶部长枝叶圆形，叶缘具粗锯齿；对照‘三毛杨3号’长枝叶三角状卵形，掌状深裂。一致性：染色体数目为2n=3x=57，前期生长迅速，无蹲苗期，年平均胸径生长量3～4cm，生长期为3月中旬～10月中旬。稳定性：‘三毛杨11号’品种在不同地点的不同繁殖周期中，未发现染色体倍性变化；其适应性、丰产性、形态特征、繁殖习性、抗病性等方面均无较大变异。

华贵人

（蔷薇属）

联系人：倪功　地址：云南省昆明市北郊龙头街严家山 650205
电话：0871-5891006/5891936　国家：中国

申请日：2008–10–20
申请号：20080067
品种权号：20090023
授权日：2009–12–31
授权公告号：2010年第3号
授权公告日：2010–02–11
品种权人：昆明锦苑花卉产业有限公司
培育人：倪功、曹荣根、王富权、刘洪亮

品种特征特性：常绿灌木，植株高度为中，具皮刺，密度中等，小叶数 3 ～ 7，叶色绿色至浓绿色，花茎长为 60 ～ 80cm，花蕾为卵形，花色为玫红色，花形为高心翘角状，花苞直径为 2 ～ 3cm，完全开放后花朵直径可达 9 ～ 11cm，花朵高度约 4 ～ 5cm，花重瓣为阔瓣，花瓣数量为 50 ～ 60 片，属于中花型品种。花朵形状俯视为星形。特异性：母株‘芬得拉’颜色为乳白色；变异株‘华贵人’颜色为玫红色。一致性：目前所得到的 40 余株变异植株中，所有植株的颜色均为玫红色，达到一致性。稳定性：在经过 2 年的反复的扦插繁殖后得到的 40 余株中，在栽培中没有出现颜色返回到母株颜色的现象，均保持了变异色玫瑰红，说明该品种特异性得到了稳定。

黄莺

（蔷薇属）

联系人：倪功　地址：云南省昆明市北郊龙头街严家山 650205
电话：0871-5891006/5891936　国家：中国

申请日：2008-10-20
申请号：20080068
品种权号：20090024
授权日：2009-12-31
授权公告号：2010年第3号
授权公告日：2010-02-11
品种权人：昆明锦苑花卉产业有限公司
培育人：倪功、曹荣根、王富权、刘洪亮

品种特征特性：常绿灌木，植株高度为中，具皮刺，密度中等，小叶数 3 ~ 7，叶色淡绿色至浓绿色，花茎长为 60 ~ 80cm，花蕾为卵形，花色为纯黄色，花形为高心翘角状，花苞直径为 2 ~ 3cm，完全开放后花朵直径可达 9 ~ 11cm，花朵高度约 4 ~ 5cm，花重瓣为阔瓣，花瓣数量为 40 ~ 50 片，属于中花型品种。花朵形状俯视为星形。特异性：母株‘梦幻’颜色为红黄复色；变异株‘黄莺’颜色为纯黄色。一致性：目前所得到的 80 余株变异植株中，所有植株的颜色均为纯黄色，达到一致性。稳定性：在经过 2 年的反复的扦插繁殖后得到的 80 余株中，在栽培中没有出现颜色返回到母株颜色的现象，均保持了变异色纯黄色，说明该品种特异性得到了稳定。

美果玫AF

（蔷薇属）

联系人：黄清俊　地址：上海市松江区中山二路658号 201600
电话：13381566572/68008718　国家：中国

申请日：2008-05-15
申请号：20080022
品种权号：20090025
授权日：2009-12-31
授权公告号：2010年第3号
授权公告日：2010-02-11
品种权人：上海农林职业技术学院
培育人：黄清俊

品种特征特性：‘美果玫 AF’是在玫瑰野生种中发现的自然整株突变，通过以组织培养的方式无性繁殖与选择育种的方法培育而成。‘美果玫 AF’为落叶灌木，茎直立，高 1 ~ 2m；小枝密生皮刺和刺毛；奇数羽状复叶，具 5 ~ 9 小叶；小叶宽椭圆形，先端急尖或钝圆，具微钝的单锯齿，上面无毛，有明显皱纹，下面灰绿色，密被柔毛和腺体；花瓣 5 枚；果实表现突出，果实扁圆，发育好的果实长径普遍大于 2cm，果实长短径差异明显，长短径比值一般在 1.25 ~ 1.76 之间；体积比较大，果实长径一般在 2.0 ~ 2.5cm，最长可大 3.5cm。与野生玫瑰相比，在营养器官表现上基本一致，但在果实的表现上显著不同。‘美果玫 AF’果实长短径差异明显，长短径比值一般在 1.25 ~ 1.76 之间；体积比较大，果实长径一般在 2.0 ~ 2.5cm，最长可大 3.5cm。而野生玫瑰蔷薇果扁球形，直径约 2cm。申请品种‘美果玫 AF’适应性较强，但环境条件和管理条件优良可以使其特异形状表现更为突出。

云田彩桂

（桂花属）

联系人：易剑雄　地址：湖南省株洲市石峰区云田苗木基地 412006
电话：13807333714/0733-2730750　国家：中国

申请日：2009-05-21
申请号：20090021
品种权号：20090026
授权日：2009-12-31
授权公告号：2010年第3号
授权公告日：2010-02-11
品种权人：易剑雄
培育人：易剑雄、肖瑞龙、易屈意、田业强、帅金华、唐玉美、易进党

品种特征特性：为常绿小乔木或灌木，树冠卵形，树皮灰白色，皮孔圆形、稀疏；幼枝紫红色，老枝灰白色。叶片对生，卵形或椭圆形，两面无毛，叶片长 7.4 ~ 10cm，宽 2.6 ~ 3.5cm，长宽处常在中部，革质，质地较厚，基部楔形。尖端渐尖，叶片边缘上 3/4 有锯齿，侧脉 7 ~ 9 对，网脉明显；叶柄黄绿色，长 5 ~ 8mm。新梢紫红色，嫩叶边缘紫红色，随着生长而变化，叶片中间渐变形成浅黄色与淡绿相间的色彩。在较明亮的光照下，植株生长健壮，叶大，叶色鲜艳，有光泽，色彩更鲜艳。‘云田彩桂’嫩叶 15 天内为紫红色渐变黄，普通桂花为淡红色渐变绿色；‘云田彩桂’15 天至一个月叶片边缘变黄色，中部变绿色，普通桂花为整叶变绿；‘云田彩桂’3 个月后叶片边缘黄白色，中部绿色增加，普通桂花始终绿色；‘云田彩桂’6 个月后叶片边缘黄白色，中部绿色增加，普通桂花始终绿色；‘云田彩桂’12 个月后叶片边缘黄白色，中部绿色，普通桂花始终绿色。该品种为无性繁殖，具备一致性和稳定性。

蝶衣

（银杏）

联系人：张丹　地址：郑州市农科路38号5号楼东301室 450008
电话：13703719689/0371-65826312　国家：中国

申请日：2008-09-10
申请号：20080045
品种权号：20090027
授权日：2009-12-31
授权公告号：2010年第3号
授权公告日：2010-02-11
品种权人：河南省红枫实业有限公司
培育人：张丹、张家勋、张茂

品种特征特性：叶片基部呈圆筒状，顶端开叉。雌雄异株，稀同株，球花生于短枝的叶腋或苞腋，雄株花有短梗，每雄蕊有2个花药，花丝短。雌球花有长梗，顶生2或1个珠座，每珠座有一个胚珠。种子核果状，外种皮肉质，中种皮骨质，内种皮膜质，胚乳丰富。胚有2个子叶。特异性：蝶衣基部呈圆筒状，顶端开叉，无变异现象；对照品种银杏扇形，在宽阔的顶缘多少具缺刻或2裂易出现变异。一致性：该品种与对照品种在对环境的适应性上基本一致。耐阴、耐寒，对高温、干热风气候有较强的抵抗能力，并且对土壤的pH值适应幅度较大。抗水湿。生产中采用嫁接、扦插等无性繁殖方法，保持其优良性状，无变异现象，充分表现出与母株的一致性和稳定性。

雪中红

（卫矛属）

联系人：张丹　地址：郑州市农科路38号5号楼东301室 450008
电话：13703719689/0371-65826312　国家：中国

申请日：2008–10–14
申请号：20080058
品种权号：20090028
授权日：2009–12–31
授权公告号：2010年第3号
授权公告日：2010–02–11
品种权人：河南省红枫实业有限公司
培育人：张丹、张家勋、张茂

品种特征特性：常绿小乔木，叶片光泽，厚革质，冬季变为红色。叶片近圆形，叶缘呈浅波状，叶芽饱满对生，聚伞花序腋生，花浅黄绿色，果实为近球形蒴果，果嫩时呈浅绿色，向阳面为褐红色，成熟果实呈浅黄色。‘雪中红’叶片颜色三季绿色，冬天红色，叶片形状更厚更圆，无变异现象挂果量大于原种20倍以上；对照品种‘北海道黄杨’叶片颜色四季为绿色，叶片形状一般，容易出现变异，挂果量一般。一致性：该品种与对照品种在对环境的适应性上基本一致。耐阴、耐寒，对高温、干热风气候有较强的抵抗能力，并且对土壤的pH值适应幅度较大。抗水湿，短期积水对苗木无影响。苗木叶片大、厚，果柄短，果实大，坐果率和结实率高，生长量大、乔化性状明显。生产中采用嫁接、扦插等无性繁殖方法，保持其优良性状，无变异现象，充分表现出与母株的一致性和稳定性。

金枝玉叶

（卫矛属）

联系人：张丹　地址：郑州市农科路38号5号楼东301室 450008
电话：13703719689/0371-65826312　国家：中国

申请日：2008-10-14
申请号：20080059
品种权号：20090029
授权日：2009-12-31
授权公告号：2010年第3号
授权公告日：2010-02-11
品种权人：河南省红枫实业有限公司
培育人：张丹、张家勋、张茂

品种特征特性：落叶小乔木，树皮灰色、纵裂。春、夏、秋三季纸条、叶均为金黄色，经霜后枝条和叶片变为红色，叶片对生，椭圆状卵形至卵圆形，有时椭圆状披针形。先端长锐尖，基部阔楔形或近圆形，边缘有锐尖齿，无毛。聚伞花序。花药紫色，与花丝等长，花盘肥大。花期5月，果熟期8～9月。果实为蒴果，倒圆锥形，粉红色。‘金枝玉叶’叶片颜色为春、夏、秋三季为金黄色，经霜后变红，对照品种‘丝棉木’叶片颜色为春、夏、秋三季为绿色，经霜后变红；‘金枝玉叶’枝条颜色为春、夏、秋三季为金黄色，经霜后变红，对照品种‘丝棉木’叶片颜色绿色。‘金枝玉叶’与对照品种在对环境的适应性上基本一致。耐阴、耐寒，对高温、干热风气候有较强的抵抗力并且对土壤的pH值适应幅度较大。抗水湿，短期积水对苗木无影响。生产中采用嫁接、扦插等无性繁殖方法，保持其优良性状，无变异现象，充分表现出与母株的一致性和稳定性。

北林3号

（杨属）

联系人：康向阳　地址：北京市海淀区清华东路35号 100083
电话：010-62336168/13391722376　国家：中国

申请日：2009-06-10
申请号：20090022
品种权号：20090030
授权日：2009-12-31
授权公告号：2010年第3号
授权公告日：2010-02-11
品种权人：北京林业大学
培育人：康向阳、张平冬、王君、侯延侠、宋连君、李金忠、张有慧、高鹏、王尚德、张正海

品种特征特性：雌株，树干通直，树皮绿色或灰绿色，光滑。皮孔大，菱形。树形开展，长卵形，侧枝粗度中等，分枝角约45°。长枝叶片大而浓绿，呈卵圆形，先端急尖，基部心形，叶缘具波状锯齿，叶背部多绒毛。短枝叶卵圆形，先端渐尖，叶基微心形，具波状粗锯齿。‘北林 3 号’叶呈卵圆形，叶缘具不均匀波状锯齿；对照‘毛白杨 1319’叶心形，叶缘具均匀细锯齿。一致性：染色体数目为 2n=3x=57，前期生长迅速，无蹲苗期，年平均胸径生长量 3 ~ 4cm，生长期为 3 月中旬~10 月中旬。稳定性：‘北林 3 号’品种在不同地点的不同繁殖周期中，未发现染色体倍性变化；其适应性、丰产性、形态特征、繁殖习性、抗病性等方面均无较大变异。

迷你球桧

（圆柏属）

联系人：唐宇丹　地址：北京海淀区香山南辛村20号　100093
电话：010-62836062/62590348　国家：中国

申请日：2008－12－03
申请号：20080072
品种权号：20090031
授权日：2009－12－31
授权公告号：2010年第3号
授权公告日：2010－02－11
品种权人：中国科学院植物研究所
培育人：张治明、唐宇丹、张会金、姚涓、崔洪霞

品种特征特性：微型常绿针叶灌木，树皮灰褐色、小枝灰绿色、质地柔软；叶两型：鳞叶或刺叶，刺叶单叶对生，叶上部被白粉，呈蓝绿色或灰绿色，雄花黄褐色、纸质单生于小枝顶端，尚未见雌花和结实。21 龄‘迷你球桧’成熟植株株高为 50 ～ 70cm，24 龄球柏为 200 ～ 250cm；‘迷你球桧’幼龄～成熟冠形为扁球～球，球柏为球～卵球；‘迷你球桧’当年生枝长度很短，球柏为中等；‘迷你球桧’幼龄叶形为刺状叶，球柏为刺状叶和鳞叶；‘迷你球桧’成熟叶形为刺状叶偶有鳞叶，球柏为鳞叶；‘迷你球桧’叶色为暗绿色，球柏为亮绿色。经 20 年的不断繁殖和栽培，发现该品种株形变异非常明显，目前 2000 余株不同株龄之间具有很高的一致性和稳定性，具有新品种所必备的特异性、稳定性和一致性。

北林5号

（杨属）

联系人：康向阳　地址：北京市海淀区清华东路35号 100083
电话：010-62336168/13391722376　国家：中国

申请日：2009-06-10
申请号：20090024
品种权号：20090032
授权日：2009-12-31
授权公告号：2010年第3号
授权公告日：2010-02-11
品种权人：北京林业大学
培育人：康向阳、张平冬、陈洪伟、高鹏、宋连君、李金忠、张有慧、王君、张正海、王尚德

品种特征特性：雌株，树干通直，树皮灰绿色，光滑。皮孔大，菱形，部分连生。树形开展，长卵形，侧枝粗度中等，分枝角小于或等于45°。长枝叶片大而浓绿，呈心形，先端急尖，基部心形，叶缘具不规则粗锯齿，叶背部多绒毛。短枝叶心形，先端急尖，叶基微心形，具波状粗锯齿。'北林5号'叶呈心形，叶缘具不规则粗锯齿；对照'毛白杨1319'叶心形，叶缘具均匀细锯齿。一致性：染色体数目为2n=3x=57，前期生长迅速，无蹲苗期，年平均胸径生长量3～4cm，生长期为3月中旬～10月中旬。稳定性：'北林5号'品种在不同地点的不同繁殖周期中，未发现染色体倍性变化；其适应性、丰产性、形态特征、繁殖习性、抗病性等方面均无较大变异。

北林7号

（杨属）

联系人：康向阳　地址：北京市海淀区清华东路35号 100083
电话：010-62336168/13391722376　国家：中国

申请日：2009-06-10
申请号：20090026
品种权号：20090033
授权日：2009-12-31
授权公告号：2010年第3号
授权公告日：2010-02-11
品种权人：北京林业大学
培育人：康向阳、张平冬、李艳华、张正海、张有慧、宋连君、李金忠、王君、陈洪伟、高鹏

品种特征特性：雌株，树干通直，树皮灰白色，粗糙。皮孔大，菱形，中间开裂，部分连生。树形开展，长卵形，侧枝粗度中等，分枝角小于或等于45°。长枝叶片大而浓绿，呈心形，先端渐尖，微弯，基部心形，叶缘具不规则粗锯齿，叶背部多绒毛。短枝叶卵圆形，先端急尖，具波状粗锯齿，叶背有绒毛。‘北林7号’叶呈心形，掌状浅裂；对照‘毛白杨1319’叶心形，叶缘具均匀细锯齿。一致性：染色体数目为2n=3x=57，前期生长迅速，无蹲苗期，年平均胸径生长量3～4cm，生长期为3月中旬～10月中旬。稳定性：‘北林7号’品种在不同地点的不同繁殖周期中，未发现染色体倍性变化；其适应性、丰产性、形态特征、繁殖习性、抗病性等方面均无较大变异。

北林8号

（杨属）

联系人：康向阳　地址：北京市海淀区清华东路35号 100083
电话：010-62336168/13391722376　国家：中国

申请日：2009–06–10
申请号：20090027
品种权号：20090034
授权日：2009–12–31
授权公告号：2010年第3号
授权公告日：2010–02–11
品种权人：北京林业大学
培育人：康向阳、张平冬、李艳华、张正海、张有慧、宋连君、李金忠、王君、陈洪伟、侯延侠

品种特征特性：雌株，树干通直，树皮灰绿色，光滑。皮孔小，菱形，部分连生。树形开展，长卵形，侧枝粗度中等，分枝角大于或等于45°。长枝叶片大而浓绿，呈卵圆形，先端渐尖，基部微心形，叶缘具细锯齿，叶背部多绒毛。短枝叶卵圆形，先端渐尖，具波状粗锯齿，叶背有绒毛。'北林8号'叶呈卵圆形，叶基微心形；对照'毛白杨1319'叶心形，叶基明显心形。一致性：染色体数目为2n=3x=57，前期生长迅速，无蹲苗期，年平均胸径生长量3～4cm，生长期为3月中旬～10月中旬。稳定性：'北林8号'品种在不同地点的不同繁殖周期中，未发现染色体倍性变化；其适应性、丰产性、形态特征、繁殖习性、抗病性等方面均无较大变异。

北林9号

（杨属）

联系人：康向阳　地址：北京市海淀区清华东路35号 100083
电话：010-62336168/13391722376　国家：中国

申请日：2009-06-10
申请号：20090028
品种权号：20090035
授权日：2009-12-31
授权公告号：2010年第3号
授权公告日：2010-02-11
品种权人：北京林业大学
培育人：康向阳、张平冬、侯延侠、王尚德、李金忠、张有慧、宋连君、陈洪伟、李艳华、王君

品种特征特性：雌株，树干通直，树皮灰绿色，光滑。皮孔大，菱形，部分连生。树形开展，长卵形，侧枝细且均匀，分枝角大于或等于45°。长枝叶片大而浓绿，呈心形，先端急尖，基部明显心形，叶缘具粗锯齿，叶背部多绒毛。短枝叶心形，叶基微心形，先端急尖，具波状粗锯齿，叶背有绒毛。'北林9号'叶呈心形，叶缘具均匀粗锯齿；对照'毛白杨1319'叶心形，叶缘具均匀细锯齿。一致性：染色体数目为2n=3x=57，前期生长迅速，无蹲苗期，年平均胸径生长量3～4cm，生长期为3月中旬～10月中旬。稳定性：'北林9号'品种在不同地点的不同繁殖周期中，未发现染色体倍性变化；其适应性、丰产性、形态特征、繁殖习性、抗病性等方面均无较大变异。

北林10号

（杨属）

联系人：康向阳　地址：北京市海淀区清华东路35号 100083
电话：010-62336168/13391722376　国家：中国

申请日： 2009-06-10
申请号： 20090029
品种权号： 20090036
授权日： 2009-12-31
授权公告号： 2010年第3号
授权公告日： 2010-02-11
品种权人： 北京林业大学
培育人： 康向阳、张平冬、侯延侠、王尚德、李金忠、张有慧、宋连君、陈洪伟、李艳华、王君

品种特征特性： 雌株，树干通直，树皮灰绿色，光滑。皮孔大，菱形，部分连生。树形开展，长卵形，侧枝细且均匀，分枝角大于或等于45°。长枝叶片大而浓绿，呈心形，先端渐尖，基部明显心形，掌状浅裂，具不规则锯齿，叶背部多绒毛。短枝叶卵圆形，先端急尖，具波状粗锯齿，叶背有绒毛。'北林10号'叶呈心形掌状浅裂；对照'毛白杨1319'叶心形，叶缘具均匀细锯齿。一致性：染色体数目为2n=3x=57，前期生长迅速，无蹲苗期，年平均胸径生长量3～4cm，生长期为3月中旬～10月中旬。稳定性：'北林10号'品种在不同地点的不同繁殖周期中，未发现染色体倍性变化；其适应性、丰产性、形态特征、繁殖习性、抗病性等方面均无较大变异。

北林11号

（杨属）

联系人：康向阳　地址：北京市海淀区清华东路35号 100083
电话：010-62336168/13391722376　国家：中国

申请日：2009-06-10
申请号：20090030
品种权号：20090037
授权日：2009-12-31
授权公告号：2010年第3号
授权公告日：2010-02-11
品种权人：北京林业大学
培育人：康向阳、张平冬、侯延侠、王君、张有慧、李金忠、宋连君、高鹏、王尚德、张正海

品种特征特性：雌株，树干通直，树皮灰绿色，光滑。皮孔小，菱形，部分连生。树形开展，长卵形，侧枝粗度中等，分枝角小于或等于45°。长枝叶片大而浓绿，呈三角状卵形，先端渐尖，基部微心形，叶缘具细锯齿，叶背部多绒毛。短枝叶卵圆形，先端急尖，具波状粗锯齿，叶背有绒毛。‘北林11号’叶呈三角状卵形，叶基微心形；对照‘毛白杨1319’叶心形，叶基明显心形。一致性：染色体数目为2n=3x=57，前期生长迅速，无蹲苗期，年平均胸径生长量3～4cm，生长期为3月中旬～10月中旬。稳定性：‘北林11号’品种在不同地点的不同繁殖周期中，未发现染色体倍性变化；其适应性、丰产性、形态特征、繁殖习性、抗病性等方面均无较大变异。

芙蓉石

（蔷薇属）

联系人：杨玉勇　地址：云南省昆明市呈贡县马金铺乡中卫村 650500
电话：0871-7441128/4029005　国家：中国

申请日：2008–12–25
申请号：20080073
品种权号：20090038
授权日：2009–12–31
授权公告号：2010年第3号
授权公告日：2010–02–11
品种权人：昆明杨月季园艺有限责任公司
培育人：杨玉勇、高俊平、赵梁军、蔡能

品种特征特性：灌木型，枝条直立，中等粗度硬挺，茎表皮带红色，近无刺；花朵高心卷边形，花径 10 ~ 11cm，花瓣数 40 ~ 50 枚；花瓣红－紫混色，背面略深，正面色号 RED–PURPLE 62A，背面色 RED–PURPLE N57D，淡香味；叶片革质深绿色，中等大小，叶脉清晰；锯齿明显，小叶 5 枚，偶有 7 枚，近圆形，近花葶处 3 枚小叶完整，切枝长 50 ~ 70cm；切花产量 14 ~ 26 枝／株／年，瓶插期 10 ~ 12 天。特异性：与亲本相比花色不同，父本‘往日情怀’（Wang Ri Qing Huai）红－紫混色，色号 RED–PURPLE 68C；母本‘艾玛’（Emma 法国 MEILLAND）粉白色，色号 WHITE N155C；与对照品种‘美女玫瑰’（Belle Rose 德国 KORDAS）相比，花色和花形不同，‘美女玫瑰’（Belle Rose）颜色浅，色号 RED–PURPLE 62D，花形为高心翘角形。一致性：2008 年 6 月，种植 20 株，2008 年 9 月种植 200 株，连续种植形状稳定，未发现变异。性状与初选株 B–276 一致。稳定性：使用无刺多花蔷薇（*Rosa multiflora* var. *inermis*）做砧木，芽接繁殖 2 代共 220 株，连续种植未见变异，与初选株 B–276 一致。

孔雀石

（蔷薇属）

联系人：杨玉勇　地址：云南省昆明市呈贡县马金铺乡中卫村 650500
电话：0871-7441128/4029005　国家：中国

申请日：2008-12-25
申请号：20080076
品种权号：20090039
授权日：2009-12-31
授权公告号：2010年第3号
授权公告日：2010-02-11
品种权人：昆明杨月季园艺有限责任公司
培育人：杨玉勇、张启翔、潘会堂、程堂仁、蔡能

孔雀石（右二）

品种特征特性：灌木型，枝条直立，偏细硬挺；皮刺数量中等，直尖，基部浅红色，尖端浅黄色；花朵高心卷边形，花径 11 ~ 12cm，花瓣数 70 ~ 80 枚；花瓣灰绿色，色号 GREEN-GREYED 193B，淡香味；叶片革质深绿色，中等大小，叶脉清晰；锯齿均匀、明显，小叶 5 ~ 7 枚，近花葶处 3 枚完整；切花产量 18 ~ 20 枝 / 株 / 年，切枝长 50 ~ 80cm，瓶插期 10 ~ 12 天。特异性：与亲本相比花色不同，父本‘兰美人’（Lavender Mascara 法国 MEILLAND）花瓣紫罗兰色，色号 VIOLET 84C；母本‘地平线’（Skyline 德国 TANTAU），花瓣黄色，色号 YELLOW 5D；‘孔雀石’花瓣灰绿色，色号 GREEN-GREYED 193B；与对照品种‘绿茶’（Green Tea 德国 TANTAU）相比，花色不同，‘绿茶’（Green Tea）花瓣黄绿色，色号 YELLOW-GREEN 145B。一致性：2008 年 5 月，使用无刺多花蔷薇（*Rosa multiflora* var. *inermis*）做砧木，芽接繁殖 20 株，2008 年 8 月，使用无刺多花蔷薇（*Rosa multiflora* var. *inermis*）做砧木，芽接繁殖 200 株，连续种植性状稳定，未发现变异。稳定性：使用无刺多花蔷薇（*Rosa multiflora* var. *inermis*）做砧木，芽接繁殖 2 代共 220 株，连续种植未见变异，与初选株 G-222 一致。

虎睛石

（蔷薇属）

联系人：杨玉勇　地址：云南省昆明市呈贡县马金铺乡中卫村 650500
电话：0871-7441128/4029005　国家：中国

申请日：2008-12-25
申请号：20080074
品种权号：20090040
授权日：2009-12-31
授权公告号：2010年第3号
授权公告日：2010-02-11
品种权人：昆明杨月季园艺有限责任公司
培育人：杨玉勇、张启翔、潘会堂、程堂仁、蔡能

品种特征特性：灌木型，枝条直立，粗壮硬挺；皮刺大，直尖略下弯，暗红色，数量中等；花朵高心阔瓣型，花径 12 ~ 13cm，花瓣数 50 ~ 60 枚；花瓣乳黄色，正反两面不同，背面浅色；正面色号 WHITE 155A，背面色号 WHITE 155C，花瓣正面边缘橘－红混色，色号 ORANGE-RED 32A，无香味；大叶，革质深绿色，叶脉明显凹陷；锯齿宽而浅，小叶 5 枚，偶有 7 枚，近花葶处 3 枚完整；切花产量 18 ~ 20 枝／株／年，切枝长 50 ~ 80cm，瓶插期 10 ~ 12 天。特异性：与亲本相比花色不同，父本‘雄狮’（Sunny Leonidas 法国 MEILLAND）花瓣正面橘－红混色，色号 ORANGE-RED 31D，花瓣背面黄－橘混色，色号 YELLOW-ORANGE 18C；母本‘影星’（Movie Star 德国 TANTAU）花瓣强红色，色号 RED 41C；与对照品种‘玛丽拉’（Marella 2002 法国 MEILLAND 2002 年）相比，花色和花瓣数都不同，‘玛丽拉’（Marella 2002）花瓣正面橘－红混色，色号 ORANGE-RED 32C，背面黄－橘混色，色号 YELLOW-ORANGE 19B；花瓣数只有 25 枚。一致性：2008 年 6 月，使用‘粉团蔷薇’（*Rose multiflora*‘Cathyensis’）做砧木，芽接繁殖 20 株，2008 年 8 月，使用‘粉团蔷薇’（*Rose multiflora*‘Cathyensis’）做砧木，第二次芽接繁殖 1800 株，连续种植性状稳定，未发现变异。稳定性：使用‘粉团蔷薇’（*Rose multiflora*‘Cathyensis’）做砧木，芽接繁殖 2 代共 1820 株，连续种植未见变异，与初选株 D-034 一致。

俏玉

（蔷薇属）

联系人：杨玉勇　地址：云南省昆明市呈贡县马金铺乡中卫村 650500
电话：0871-7441128/4029005　国家：中国

申请日：2008-12-25
申请号：20080077
品种权号：20090041
授权日：2009-12-31
授权公告号：2010年第3号
授权公告日：2010-02-11
品种权人：昆明杨月季园艺有限责任公司
培育人：杨玉勇、张启翔、潘会堂、程堂仁、蔡能

品种特征特性：灌木型，枝条直立，皮刺硬挺；皮刺稀少，黄绿色直尖；花朵高心卷边形，花瓣正面中间绿白色；大叶，革质深绿色，叶脉清晰，锯齿较大，深而均匀。特异性：与亲本相比花色不同，父本‘兰美人’（Lavender Mascara 法国 MEILLAND）花瓣紫罗兰色，色号VIOLET 84C；母本‘艾玛’（Emma 法国 MEILLAND）粉白色，色号WHITE N155C；‘俏玉’花瓣中间绿白色，色号GREEN-WHITE 157D，边缘红－紫混色，色号RED-PURPLE 63D；与对照品种‘诱惑’（Attracta 荷兰 DE RUITER2006年）相比，花色叶不同，对照品种花瓣中间是乳白色，色号YELLOW-WHITE 158D，边缘红色，色号RED 53D。一致性：2008年7月，使用‘粉团蔷薇’（*Rose multiflora*‘Cathyensis’）做砧木，芽接繁殖20株，2008年9月，使用‘粉团蔷薇’（*Rose multiflora*‘Cathyensis’）做砧木，第二次芽接繁殖300株，连续种植性状稳定，未发现变异。稳定性：使用无刺多花蔷薇（*Rosa multiflora* var. *inermis*）做砧木，芽接繁殖2代共320株，连续种植未见变异，与初选株F-210一致。

堇青石

（蔷薇属）

联系人：杨玉勇　地址：云南省昆明市呈贡县马金铺乡中卫村 650500
电话：0871-7441128/4029005　国家：中国

申请日：2008–12–25
申请号：20080075
品种权号：20090042
授权日：2009–12–31
授权公告号：2010年第3号
授权公告日：2010–02–11
品种权人：昆明杨月季园艺有限责任公司
培育人：杨玉勇、张启翔、潘会堂、程堂仁、蔡能

品种特征特性：灌木型，枝条直立，中等粗度，硬挺；皮刺略小，基部红色，上部浅黄色锐尖，数量中等；花朵高心卷边形，花径 11 ～ 12cm，花瓣数 55 ～ 65 枚；花瓣正面中间紫色，色号 PURPLE 76D，反面中间略深，色号 PURPLE 75C，花瓣边缘红–紫混色，色号 RED–PURPLE N66C，无香味；叶片革质深绿色，中等大小，叶脉清晰，锯齿明显、均匀，小叶 5 ～ 7 枚，近花葶处单叶较大；切花产量 18 ～ 20 枝／株／年，切枝长 50 ～ 80cm，瓶插期 12 ～ 14 天。特异性：与亲本相比花色不同，父本'兰美人'（Lavender Mascara 法国 MEILLAND）花瓣紫罗兰色，色号 VIOLET 84C；母本'好莱坞'（Holly Wood 荷兰 DE RUITER），花瓣黄–绿混色，色号 YELLOW–GREEN 149D；与对照品种'冰冷水'（Cool Water 荷兰 SCHREURS）相比，颜色和花朵大小都不同，对照品种是浅紫罗兰色，色号 VIOLET 84B，'堇青石'花瓣正面中间是紫色，色号 PURPLE 76D，背面中间略深，色号 PURPLE 75C，花瓣边缘时红–紫混色，色 RED–PURPLE 号 N66C；'堇青石'花朵更大，花瓣数更多。一致性：2008 年 6 月，使用无刺多花蔷薇（*Rosa multiflora* var. *inermis*）做砧木，芽接繁殖 2 代共 220 株，连续种植性状稳定，未发现变异。稳定性：使用无刺多花蔷薇（*Rosa multiflora* var. *inermis*）做砧木，芽接繁殖 2 代共 220 株，连续种植未见变异，与初选株 C–150 一致。

美佳斯波（MEIJASPER）

（蔷薇属）

联系人：Alain,Antoine MEILLAND　地址：DOMAINE DE SAINT-ANDRE LE CANNET DES MAURES 83340 LE LUC EN PROVENCE FRANCE　电话：+33 4 94450403425/+33 4 94 47 98 29　国家：法国

申请日：2002–08–14
申请号：20020011
品种权号：20090043
授权日：2009–12–31
授权公告号：2010年第3号
授权公告日：2010–02–11
品种权人：玫岚明星月季公司（MEILLAND STAR ROSE S.A.）
培育人：阿兰·安特奈·玫岚（Alain,Antoine MEILLAND）

品种特征特性：新品种‘美佳斯波’，母本是‘MEIBUITO’，父本是‘MEIBIGOUD’。通过两个亲本之间进行人工授粉培育而成。该品种为窄型灌木，植株高大，通常高度为60～150cm，生长势极强；茎干修长，短刺极少，长刺较少；花重瓣，花径大（7cm），花红色，花从正面看呈不规则圆形至星形，香味很少；叶片较大，深绿色，正面无光泽；初花期为中，几乎为持续开花。与对照品种‘玫卡丽’（MEIQUALIS）相比，花色较亮，花形亦有不同。适合温室栽培。

玫莱伊（MEILEYET）

（蔷薇属）

联系人：Alain,Antoine MEILLAND　地址：DOMAINE DE SAINT-ANDRE LE CANNET DES MAURES 83340 LE LUC EN PROVENCE FRANCE　电话：+33 4 94450403425/+33 4 94 47 98 29　国家：法国

申请日：2002-08-16
申请号：20020013
品种权号：20090044
授权日：2009-12-31
授权公告号：2010年第3号
授权公告日：2010-02-11
品种权人：玫岚明星月季公司（MEILLAND STAR ROSE S.A.）
培育人：阿兰·安特奈·玫岚（Alain,Antoine MEILLAND）

品种特征特性：新品种‘玫莱伊’，母本是‘TANSELBON’，父本是‘EROTIKA’×‘DEVOLOR’。通过两个亲本之间进行人工授粉培育而成。该品种为窄灌木型，植株高大，通常高度在60～150cm；茎干修长，短刺无或极少，长刺少；花重瓣，花径大（8cm），花淡粉色，外层花瓣背面有浅黄绿色晕，花从正面看呈不规则圆形，香味无或微弱；叶片较大，深绿色，正面较不亮；初花期中等，几乎为持续开花。与对照品种‘MEICAULEY’相比，两者花形相似，花色有所不同，花径略大，重瓣性较强；茎干上皮刺极少。适于温室栽培。

美地班尼(MEIDEBENNE)

（蔷薇属）

联系人：Alain,Antoine MEILLAND 地址：DOMAINE DE SAINT-ANDRE LE CANNET DES MAURES 83340 LE LUC EN PROVENCE FRANCE 电话：+33 4 94450403425/+33 4 94 47 98 29 国家：法国

申请日：2002-08-14
申请号：20020010
品种权号：20090045
授权日：2009-12-31
授权公告号：2010年第3号
授权公告日：2010-02-11
品种权人：玫岚明星月季公司（MEILLAND STAR ROSE S.A.）
培育人：阿兰·安特奈·玫岚（Alain,Antoine MEILLAND）

品种特征特性：新品种‘美地班尼’，母本是‘MEIFOTA’，父本是‘MEILOUZOU’。通过两个亲本之间进行人工授粉培育而成。该品种为窄型灌木，植株高大，通常高度达到并超过150cm；茎干修长，短刺极少，长刺较少；花重瓣，花径中等大（6cm），花暗红色，花从正面看呈星形，无香味；叶片较大，深绿色，光泽较暗或无光泽；初花期中或晚，几乎为持续开花。与对照品种‘玫卡丽’（MEIQUALIS）相比，植株较高，花茎略小， 抗病虫害能力有所提高。适合温室栽培。

瑞拉（RUILAV）

（蔷薇属）

联系人：格劳特(H.C.A de Groot)　地址：荷兰 1424PL DE KWAKE
电话：31297361063/31297361175　国家：荷兰

申请日：2003–03–11
申请号：20030003
品种权号：20090046
授权日：2009–12–31
授权公告号：2010年第3号
授权公告日：2010–02–11
品种权人：迪鲁特玫瑰花公司（De.Ruiter's Nieuwe Rozen B.V.）
培育人：波吾（A.A.Pouw）

品种特征特性：‘瑞拉’（RUILAV）通过天然杂交经选育而获得。该品种为窄灌木型，株形紧凑，茎干直立生长，株高中等，刺较多；叶浅绿色，具光泽；花重瓣，俯看为星形，花蓝粉色；连续开花，首次开花时间早。对照品种‘TANDRIB’的花色浅。该品种适于保护地栽培。

拉德拉兹（RADRAZZ）

（蔷薇属）

联系人：杨启昆　地址：法国雷鲁森省,圣安德鲁市,坎莱特莫莱斯(DOMAINE DE SAINT-ANDRE LE CANNET DES MAURES 83340 LE LUC EN PROVENCE FRANCE)　电话：33-494-500325/33-494-479829/13888337754　国家：法国

申请日：2004-05-27
申请号：20040004
品种权号：20090047
授权日：2009-12-31
授权公告号：2010年第3号
授权公告日：2010-02-11
品种权人：法国玫岚明星月季公司（Meilland Star Rose S.A.,France）
培育人：威廉姆·J·拉德莱尔（William J.Radler）

品种特征特性：该品种是以‘Frybright’为母本、‘Bucbi’为父本进行杂交选育获得。拉德拉兹为中灌型，株高矮到中；枝紫色，有刺，枝刺下部形状深凹，短刺数量多，长刺数量中；叶片大小中等，叶色深绿（首花时），叶表光泽度极弱；小叶边缘波状弱到中；开花数量少，花的类型为半重瓣；花形俯视呈不规则圆形，花瓣数极少，花径中到大，花瓣外瓣中部和边缘颜色为桃色（接近RHS57C-57D），内瓣、外瓣基部无斑点；花芽纵切面卵形；花丝黄色；始花期中，开花习性连续不断；香味极弱。对照品种‘玫特耐那兹’花瓣外瓣中部和边缘颜色为紫色（RHS0063A），花芽纵切面阔卵形。‘拉德拉兹’适宜一般露地气候土壤条件下栽培生产。

美地皮尔（MEIPTIPIER）

（蔷薇属）

联系人：Helene JOURDAN　地址：83340(DOMAINE DE SAINT-ANDRE,LE CANNET DES MAURES,88340 LE LUC EN PROVENCE FRANCE)　电话：+33 4 94 50 03 25/+33 4 94 47 98 29　国家：法国

申请日：2004－09－17
申请号：20040025
品种权号：20090048
授权日：2009－12－31
授权公告号：2010年第3号
授权公告日：2010－02－11
品种权人：玫岚国际公司（MEILLAND INTERNATIONAL S.A）
培育人：阿兰·安东尼·玫岚（Alain,Antoine MEILLAND）

品种特征特性：‘美地皮尔’是以‘INTERNIKI’×‘OLIJDUM’为母本、用‘MEICHEVIL’×‘KEINOUMI’作父本杂交选育而成。‘美地皮尔’为直立灌木，植株很矮到矮；枝有刺，枝刺下部形状凹，短皮刺无或少，长皮刺数量中；叶色深，叶上表具强光泽；小叶边缘波状曲线强，顶端小叶短而窄，叶基部钝圆；开花数量少到中，花重瓣，花瓣数少到中；花形俯视呈圆形，花径小，花瓣小到中，花色外轮淡绿色向花心逐渐变为粉色；初花期中，持续开花。与对照品种‘玫卡扎’相比花色明显不同。‘美地皮尔’适宜温室条件下栽培生产。

美地扎朵（MEITIZADO）

（蔷薇属）

联系人：Helene JOURDAN　地址：83340(DOMAINE DE SAINT-ANDRE,LE CANNET DES MAURES,88340 LE LUC EN PROVENCE FRANCE)　电话：+33 4 94 50 03 25/+33 4 94 47 98 29　国家：法国

申请日：2004–09–17
申请号：20040026
品种权号：20090049
授权日：2009–12–31
授权公告号：2010年第3号
授权公告日：2010–02–11
品种权人：玫岚国际公司（MEILLAND INTERNATIONAL S.A）
培育人：阿兰·安东尼·玫岚（Alain,Antoine MEILLAND）

品种特征特性：‘美地扎朵’是以‘KORENLO’为母本、用‘KEITAIBU’作父本杂交选育而成。‘美地扎朵’为直立灌木，植株高；枝有刺，枝刺下部形状凹，短皮刺无或少，长皮刺数量多；叶色深绿，叶上表光泽很弱；小叶边缘波状曲线中，顶端小叶中到长，叶基部圆形；开花数量少，花重瓣，花瓣数中到多；花形俯视呈不规则圆形，花径大，花色为RSH57A57B。不同于对照品种‘凯马蒂奥’花色红色。‘美地扎朵’适宜温室条件下栽培生产。

美法宝儿（MEIFRABOY）

（蔷薇属）

联系人：Helene Jourdan、郁书君　地址：83340(DOMAINE DE SAINT-ANDRE,LE CANNET DES MAURES,88340 LE LUC EN PROVENCE FRANCE)　电话：13693600224/+33 4 94 50 03 25/+33 4 94 47 98 29　国家：法国

申请日：2004-12-08
申请号：20040036
品种权号：20090050
授权日：2009-12-31
授权公告号：2010年第3号
授权公告日：2010-02-11
品种权人：法国玫岚国际公司（Meilland International S.A.，France）
培育人：阿兰·安东尼·玫岚（Alain，Antoine Meilland）

品种特征特性：‘美法宝儿’是以‘Meifrony’为母本、用（‘Erotika’×‘Devolor’）作父本杂交选育而成。‘美法宝儿’花数量少，花梗绒毛或皮刺脱落，花芽纵切面卵圆形，花的类型为重瓣：花瓣数多到极多、花径中到大、俯视呈不规则圆形、侧观上部平、下部凸形，香味淡到中；萼片伸出部分弱到中。花瓣尺寸中到大，内瓣基部无斑点，内瓣中部颜色RHS 50D、边缘颜色RHS 58B、58C；外瓣中部颜色RHS 50D、边缘颜色RHS 58B、58C，外瓣基部无斑点；花瓣边缘反卷无、瓣缘波状弱。与近似品种‘美斯特里亚’相比较，‘美法宝儿’嫩枝（约20cm长）长皮刺数量很少，花瓣外瓣中部和边缘颜色由淡到中粉桃红（RHS 50D到RHS 58B、58C）；近似品种‘美斯特里亚’嫩枝（约20cm长）长皮刺数量中，花瓣外瓣中部和边缘颜色粉橙（RHS 43D、48D到RHS 43D）。‘美法宝儿’适宜从北温带到亚热带园林绿化和人工花坛条件下的栽培生产。

美敦凯儿（MEIDUNKEL）

（蔷薇属）

联系人：Helene Jourdan、郁书君　地址：83340(DOMAINE DE SAINT-ANDRE,LE CANNET DES MAURES,88340 LE LUC EN PROVENCE FRANCE)　电话：13693600224/+33 4 94 50 03 25/+33 4 94 47 98 29　国家：法国

申请日：2005-01-05
申请号：20050007
品种权号：20090051
授权日：2009-12-31
授权公告号：2010年第3号
授权公告日：2010-02-11
品种权人：法国玫岚国际公司（Meilland International S.A., France）
培育人：阿兰·安东尼·玫岚（Alain,Antoine Meilland）

品种特征特性：‘美敦凯尔’是以‘Meiplovon’为母本、用‘Keitaibu’作父本杂交选育而成。‘美敦凯尔’开花数量少到中，花梗绒毛或皮刺脱落，花芽纵切面阔卵圆形，花的类型为重瓣：花瓣数中、花径中到大、俯视呈星形、侧观上部呈平凹形、下部平凸形，香味弱；萼片伸出部分中到大。花瓣尺寸中，内瓣基部无斑点，内瓣中部颜色 RHS 57A、57B、边缘颜色 RHS 57A、57B；外瓣中部颜色 RHS 57C、57B，边缘颜色黄 RHS 57B、57C，外瓣基部无斑点。与近似品种‘美丢瓦特’相比较，‘美敦凯尔’叶片深绿色、表面光泽弱，花瓣内、外瓣中部和边缘颜色呈暗桃红；近似品种‘美丢瓦特’叶片中到深绿色、表面光泽无或很弱，花瓣内、外瓣中部和边缘颜色呈旧粉色。‘美敦凯尔’适宜从北温带到亚热带园林绿化和人工花坛条件下的栽培生产。

玫月绮（MEIYOLKI）

（蔷薇属）

联系人：Helene Jourdan　地址：83340(DOMAINE DE SAINT-ANDRE,LE CANNET DES MAURES,88340 LE LUC EN PROVENCE FRANCE)　电话：+33 4 94 50 03 25/+33 4 94 47 98 29　国家：法国

申请日： 2005-07-25
申请号： 20050044
品种权号： 20090052
授权日： 2009-12-31
授权公告号： 2010年第3号
授权公告日： 2010-02-11
品种权人： 玫岚国际公司（MEMEILLAND INTERNATIONAL S.A.）
培育人： 阿兰·安托万·玫岚（Alain,Antoine MEILLAND）

品种特征特性： ‘玫月绮’（MEIYOLKI）是1994～1995年在法国普罗旺斯省嘎那－毛里斯市培育获得的，由人工杂交授粉得到种子选育而来，母本是‘KORFLAPEI’，父本是‘MEIKORE’。‘玫月绮’为中型切花品种。属瘦灌木，无皮刺，嫩枝着色较浅，为青铜至红棕色；花为不规则圆形，香味很弱，花瓣26～37个，花瓣以黄橙色为主色，内侧偏黄，外侧偏浅；叶绿色，上表面具光泽。与近似品种‘MEITANET’相比，‘玫月绮’（MEIYOLKI）无皮刺，开花枝花朵数量较多，香气较弱，花朵颜色偏黄，花瓣边缘几乎没有起伏。‘玫月绮’适于温室栽培。

玫芬妮（MEIAFONE）

（蔷薇属）

联系人：Helene Jourdan　地址：83340(DOMAINE DE SAINT-ANDRE,LE CANNET DES MAURES,88340 LE LUC EN PROVENCE FRANCE)　电话：+33 4 94 50 03 25/+33 4 94 47 98 29　国家：法国

申请日：2006－03－16
申请号：20060018
品种权号：20090053
授权日：2009－12－31
授权公告号：2010年第3号
授权公告日：2010－02－11
品种权人：玫岚国际公司(MEILLAND INTERNATIONAL S.A.)
培育人：阿兰·安托万·玫岚(Alain,Antoine MEILLAND)

品种特征特性：‘玫芬妮’的母本为‘MEITULANDI’和‘GISSELFELD’的杂交实生苗，父本为‘KORZAUN’。玫芬妮叶片大，叶色深；花大，花瓣多达92～109片，花朵具有强烈的香气；果实罐形；花期很晚。与近似品种‘MEISOYRIS’相比，‘玫芬妮’花瓣内外侧基部均无斑点，‘MEISOYRIS’有斑点；‘玫芬妮’香气浓郁，‘MEISOYRIS’香气中等；‘玫芬妮’外部雄蕊花丝黄色，并着紫红色，‘MEISOYRIS’外部雄蕊花丝为红色；‘玫芬妮’果实的纵切面形状为罐形，‘MEISOYRIS’为漏斗形。‘玫芬妮’喜温湿、光照、肥沃的微酸性土壤。不耐遮荫、瘠薄、干旱和水涝，生长适温为15～25℃。适合栽培于各种类型的土地，在夏季温度不超过35℃、冬季不低于－25℃的气候带，‘玫芬妮’无需保护，可在室外栽植。

凯马蒂奥（KEIMATEO）

（蔷薇属）

联系人：袁向阳　地址：北京兰中农商技术开发中心 中国北京市海淀区清河四街南口一号 100085
电话：010-62936317　国家：法国

申请日：2005–05–17
申请号：20050032
品种权号：20090054
授权日：2009–12–31
授权公告号：2010年第3号
授权公告日：2010–02–11
品种权人：玫岚明星月季公司（MEILLAND STAR ROSE S.A.）
培育人：梅田–智雄（TOMOO UMEDA）

品种特征特性：‘凯马蒂奥’（KEIMATEO）是1993年在日本千叶县进行杂交试验，进而在法国普罗旺斯省嘎那–毛里斯市选育获得的。母本是一株无名种苗，父本是‘TANORELAV’。‘凯马蒂奥’为大型切花品种，属宽冠灌木，茎直立，皮刺少，嫩枝为紫色；花为星形，仅有很弱的香味，花瓣26～37个，花瓣内侧玫瑰红色，外侧粉白色；叶深绿，上表面光泽极弱。与近似品种‘美波丽’（MEIPERLI）相比，‘凯马蒂奥’初花时间早，花瓣边缘卷折很强，嫩枝花青素着色强。‘凯马蒂奥’适于温室栽培。

瑞沃克（RUIVONK）

（蔷薇属）

联系人：格劳特(H.C.A de Groot)　地址：荷兰 夸克儿（KWAKEL HOLLAND） 1424PL
电话：+31297361063/+31297361175　国家：荷兰

申请日：2005－04－25
申请号：20050031
品种权号：20090055
授权日：2009－12－31
授权公告号：2010年第3号
授权公告日：2010－02－11
品种权人：迪鲁特玫瑰花公司（De.Ruiter’s Nieuwe Rozen B.V.）
培育人：波吾（A.A.Pouw）

品种特征特性：该品种来源于开放授粉的种子实生苗。该品种为直立窄灌丛，株高中等，幼枝棕到棕红色，刺多。叶淡绿，具弱光泽，小叶叶绿中等卷曲，顶部小叶长宽均中等，顶部小叶叶基圆形，每枝着花量少，花芽圆卵形，花浅粉色，重瓣，花朵较大，俯视花朵为不规则圆形，无香味或极弱。与对照品种‘奥雷’相比，‘瑞沃克’花色较淡，花瓣边缘略有反卷，叶色发暗；对照品种‘奥雷’花色较深，叶色稍淡，有光泽，花瓣尖端反卷，形成直角。品种适宜一般温室条件下栽培生产。

附 表

序号	品种名称	所属属种	申请人	申请号	申请日	品种权号	授权日	品种权人	培育人
1	三毛杨 1 号	杨属	北京林业大学	19990001	1999-4-23	19990001	1999-12-29	北京林业大学	朱之悌、林惠斌、张志毅、康向阳、李新国、赵勇刚、张金凤
2	三毛杨 2 号	杨属	北京林业大学	19990002	1999-4-23	19990002	1999-12-29	北京林业大学	朱之悌、林惠斌、张志毅、康向阳、李新国、赵勇刚、张金凤
3	三毛杨 3 号	杨属	北京林业大学	19990003	1999-4-23	19990003	1999-12-29	北京林业大学	朱之悌、林惠斌、张志毅、康向阳、李新国、赵勇刚、张金凤
4	三毛杨 4 号	杨属	北京林业大学	19990004	1999-4-23	19990004	1999-12-29	北京林业大学	朱之悌、林惠斌、张志毅、康向阳、李新国、赵勇刚、张金凤
5	三毛杨 5 号	杨属	北京林业大学	19990005	1999-4-23	19990005	1999-12-29	北京林业大学	朱之悌、林惠斌、张志毅、康向阳、李新国、赵勇刚、张金凤
6	三毛杨 6 号	杨属	北京林业大学	19990006	1999-4-23	19990006	1999-12-29	北京林业大学	朱之悌、林惠斌、张志毅、康向阳、李新国、赵勇刚、张金凤
7	多瓣白玉兰	木兰属	王飞罡	19990009	1999-4-23	20000001	2000-4-7	王飞罡	王飞罡
8	长春二乔玉兰	木兰属	王飞罡	19990014	1999-4-23	20000002	2000-4-7	王飞罡	王飞罡
9	红元宝玉兰	木兰属	王飞罡	19990010	1999-4-23	20000003	2000-4-7	王飞罡	王飞罡
10	丹馨玉兰	木兰属	王飞罡	19990011	1999-4-23	20000004	2000-4-6	王飞罡	王飞罡
11	景新玉兰	木兰属	王飞罡	19990012	1999-4-23	20000005	2000-4-7	王飞罡	王飞罡
12	长花玉兰	木兰属	王飞罡	19990015	1999-4-23	20000006	2000-4-7	王飞罡	王飞罡
13	红运玉兰	木兰属	王飞罡	19990013	1999-4-23	20000007	2000-4-7	王飞罡	王飞罡
14	飞黄玉兰	木兰属	王飞罡	19990008	1999-4-23	20000008	2000-4-7	王飞罡	王飞罡
15	太行之恋	蔷薇属	焦作市风景园林管理处	19990016	1999-4-23	20000009	2000-4-7	焦作市风景园林管理处	李秀华、赵卫星
16	贵夫人	蔷薇属	焦作市风景园林管理处	19990017	1999-4-23	20000010	2000-4-7	焦作市风景园林管理处	李秀华、赵卫星
17	山阳红	蔷薇属	焦作市风景园林管理处	19990018	1999-4-23	20000011	2000-4-7	焦作市风景园林管理处	李秀华、赵卫星
18	女王之女	蔷薇属	焦作市风景园林管理处	19990019	1999-4-23	20000012	2000-4-7	焦作市风景园林管理处	李秀华、赵卫星
19	挚友	蔷薇属	焦作市风景园林管理处	19990020	1999-4-23	20000013	2000-4-7	焦作市风景园林管理处	李秀华、赵卫星
20	玉丹	山茶属	林兆洪	19990021	1999-4-23	20000014	2000-12-29	林兆洪	林兆洪、游慕贤、申屠文月
21	华美红	山茶属	林兆洪	19990022	1999-4-23	20000015	2000-12-29	林兆洪	林兆洪、游慕贤、申屠文月
22	奥丽帕拉姆(OLIJPLAM)	蔷薇属	OLIJ ROZEN V.O.F 公司	19990007	1999-11-28	20000016	2000-12-29	OLIJ ROZEN V.O.F 公司	Huibert,Wijand OLIJ
23	抗虫杨 12 号	杨属	中国林业科学院林业研究所	20000003	2000-8-15	20000017	2000-12-29	中国林业科学院林业研究所	韩一凡
24	玫卡丽	蔷薇属	MEILLAND STAR ROSE S.A.	20000006	2000-3-28	20000018	2000-12-29	MEILLAND STAR ROSE S.A.	Alain, Antoine MEILLAND
25	玫康馥	蔷薇属	MEILLAND STAR ROSE S.A.	20000012	2000-05-12	20000019	2000-12-29	MEILLAND STAR ROSE S.A.	Alain, Antoine MEILLAND
26	山新杨	杨属	黑龙江省防护林研究所	20000013	2000-06-20	20000020	2000-12-29	黑龙江省防护林研究所	沈清越、杨淑珍、黄德丛、康忠信、周丽君、郑荣华

序号	品种名称	所属属种	申请人	申请号	申请日	品种权号	授权日	品种权人	培育人
27	黑防 3 号杨	杨属	黑龙江省防护林研究所	20000014	2000-6-20	20000021	2000-12-29	黑龙江省防护林研究所	周立君、温宝阳、耿丽英、王福森、王春
28	卡罗吉罗(Korrogilo)	蔷薇属	W.Kordes' Sohne	20000015	2000-7-25	20000022	2000-12-29	W.Kordes' Sohne	Wilhelm Kordes, Tim-Hermann Kordes, Margarita Kordes
29	芳碧莎(FEBESA)	蔷薇属	MEILLAND STAR ROSE S.A.	20000016	2000-9-8	20000023	2000-12-29	MEILLAND STAR ROSE S.A.	ROSES NOVES FERRER,S.L.
30	新世纪	杏	山东农业大学	20010002	2001-1-2	20010001	2001-5-14	山东农业大学	陈学森、高东升、李宪利、张艳敏、张连忠
31	红丰	杏	山东农业大学	20010001	2001-1-2	20010002	2001-5-14	山东农业大学	陈学森、高东升、李宪利、张艳敏、张连忠
32	创新 1 号	杨属	中国林业科学院林业研究所	20000001	2000-8-15	20010003	2001-8-29	中国林业科学院林业研究所	韩一凡
33	北抗一号	杨属	中国林业科学院林业研究所	20000002	2000-8-15	20010004	2001-8-29	中国林业科学院林业研究所	韩一凡
34	菊花白	牡丹	陈德忠	19990023	1999-4-23	20010005	2001-7-3	陈德忠	陈德忠
35	陇右二乔	牡丹	陈德忠	19990024	1999-4-23	20010006	2001-7-3	陈德忠	陈德忠
36	江南桔红	牡丹	陈德忠	19990025	1999-4-23	20010007	2001-7-3	陈德忠	陈德忠
37	铁面无私	牡丹	陈德忠	19990026	1999-4-23	20010008	2001-7-3	陈德忠	陈德忠
38	母爱	牡丹	陈德忠	19990027	1999-4-23	20010009	2001-7-3	陈德忠	陈德忠
39	冰山雪莲	牡丹	陈德忠	19990028	1999-4-23	20010010	2001-7-3	陈德忠	陈德忠
40	攀登	牡丹	陈德忠	19990029	1999-4-23	20010011	2001-7-3	陈德忠	陈德忠
41	精神焕发	牡丹	陈德忠	19990030	1999-4-23	20010012	2001-7-3	陈德忠	陈德忠
42	雪海冰心	牡丹	陈德忠	19990031	1999-4-23	20010013	2001-7-3	陈德忠	陈德忠
43	一捧雪	牡丹	陈德忠	19990032	1999-4-23	20010014	2001-7-3	陈德忠	陈德忠
44	佛光	牡丹	陈德忠	19990033	1999-4-23	20010015	2001-7-3	陈德忠	陈德忠
45	天山侠女	牡丹	陈德忠	19990034	1999-4-23	20010016	2001-7-3	陈德忠	陈德忠
46	熊猫	牡丹	陈德忠	19990035-1	1999-4-23	20010017	2001-7-3	陈德忠	陈德忠
47	紫科一号	红豆杉属	烟台中林紫杉新科技有限公司	20000007	2000-3-26	20010018	2001-7-3	烟台中林紫杉新科技有限公司	谢志远
48	骄阳	山茶属	杭州花圃	19990035	1999-4-23	20010019	2001-10-31	杭州花圃	杭州花圃
49	艾思油栗	板栗	艾克思、艾思扬	20000017	2000-9-29	20020001	2002-12-13	艾克思、艾思扬	艾克思、艾思扬
50	中天杨	杨属	山东农业大学	20020016	2002-12-6	20030001	2003-12-12	山东农业大学	孙仲序、崔德才、陈受宜
51	龙廷杏梅	杏	山东省新泰市龙廷镇人民政府	20020014	2002-8-27	20030002	2003-12-12	山东省新泰市龙廷镇人民政府	丁栋梁、耿效峰、刘少海、刘涛、徐勤伟
52	丹红杨	杨属	中国林业科学院林业研究所	20020008	2002-7-3	20030003	2003-12-12	中国林业科学院林业研究所	韩一凡、胡建军、李淑梅、李玲、佟永昌、赵自成、苏雪辉、魏万生
53	南杨	杨属	中国林业科学院林业研究所	20020009	2002-7-3	20030004	2003-12-12	中国林业科学院林业研究所	韩一凡、胡建军、李淑梅、李玲、佟永昌、赵自成、苏雪辉、魏万生
54	桑巨杨	杨属	焦作林科所、中国林业科学院林业研究所	20030006	2003-4-11	20030005	2003-12-12	焦作林科所、中国林业科学院林业研究所	赵自成、韩一凡、苏雪辉、魏万生、佟永昌、胡建军、李玲、李淑梅、崔明军

序号	品种名称	所属属种	申请人	申请号	申请日	品种权号	授权日	品种权人	培育人
55	桑迪杨	杨属	焦作林科所、中国林业科学院林业研究所	20030007	2003-4-11	20030006	2003-12-12	焦作林科所、中国林业科学院林业研究所	赵自成、韩一凡、魏万生、苏雪辉、佟永昌、胡建军、李玲、李淑梅、崔明军
56	冀林 741 杨	杨属	河北农业大学、中国科学院微生物研究所	20020007	2002-5-27	20030007	2003-12-24	河北农业大学、中国科学院微生物研究所	郑均宝、田颖川、梁海永、高宝嘉、杨敏生、王进茂、杜克久
57	尼娃	杨属	张绮纹	20020001	2002-1-18	20040001	2004-3-4	张绮纹	意大利杨树研究所
58	阳光	板栗	北京市农林科学院林业果树研究所	20030002	2003-2-9	20040002	2004-12-20	北京市农林科学院林业果树研究所	黄武刚
59	米奇	杨属	张绮纹	20020003	2002-1-18	20040003	2004-03-04	张绮纹	意大利杨树研究所
60	埃瑞达诺	杨属	张绮纹	20020004	2002-1-18	20040004	2004-03-04	张绮纹	意大利杨树研究所
61	双季米槐	槐属	莱州市永恒国槐研究所、莱州市林木种苗站	20040020	2004-7-5	20040005	2004-12-20	莱州市永恒国槐研究所、莱州市林木种苗站	刘永珩、焦凤洲
62	东方杉	落羽杉属	上海市林业总站、南京林业大学	20030031	2003-9-16	20040006	2004-7-20	上海市林业总站、南京林业大学	叶培忠、叶增基、沈烈英、潘士华、朱建华、竺唯杰、钮慧娟
63	山农凯新 1 号	杏	山东农业大学	20040003	2004-2-23	20040007	2004-7-20	山东农业大学	陈学森、束怀瑞、李宪利、高东升、张艳敏、沈向、陈晓流
64	山农凯新 2 号	杏	山东农业大学	20040002	2004-2-23	20040008	2004-7-20	山东农业大学	陈学森、束怀瑞、李宪利、高东升、张艳敏、沈向、陈晓流
65	千红椿	臭椿属	潍坊市符山林木良种繁育场	20030001	2003-1-2	20040009	2004-7-20	潍坊市符山林木良种繁育场	任敦峰
66	金园	丁香属	北京市植物园	20030015	2003-6-23	20040010	2004-9-6	北京市植物园	崔纪如
67	金连翘	连翘属	张闯令、王凤英、张岳令	20030008	2003-3-27	20040011	2004-7-20	张闯令、王凤英、张岳令	张闯令、王凤英、张岳令、张吉林
68	金石滩连翘	连翘属	张闯令、张吉林	20030049	2003-12-25	20040012	2004-7-20	张闯令、张吉林	张闯令、张吉林、王凤英、况成秋、李绪选、金贵林、田树国、丁桂琴、王吉祥
69	滕阳红	杏	滕州市林业局	20010010	2001-11-19	20040013	2004-7-20	滕州市林业局	胡修义、张淑静、徐颖、王印德、贺成彬、徐秀良、孟强
70	冰清	蔷薇属	昆明杨月季园艺有限责任公司	20030016	2003-7-11	20040014	2004-9-6	昆明杨月季园艺有限责任公司	杨玉勇
71	新桉 1 号	桉属	国家林业局桉树研究开发中心	20030018	2003-7-21	20040015	2004-12-20	国家林业局桉树研究开发中心	杨民胜、谢耀坚、罗建中、陈少雄、张维耀、彭彦
72	新桉 2 号	桉属	国家林业局桉树研究开发中心	20030019	2003-7-21	20040016	2004-12-20	国家林业局桉树研究开发中心	杨民胜、 谢耀坚、罗建中、陈少雄、张维耀、彭彦
73	可丽斯汀·马顿	杜鹃花属	比利时园艺育种有限公司	20010005	2001-8-29	20050001	2005-05-16	比利时园艺育种有限公司	约翰·范得海根
74	菲丝蕾蒙 (FISLEMON)	大戟属	弗劳拉诺娃普夫兰森股份有限公司	20030012	2003-5-6	20050002	2005-5-16	弗劳拉诺娃普夫兰森股份有限公司	凯撒瑞纳·赞尔

序号	品种名称	所属属种	申请人	申请号	申请日	品种权号	授权日	品种权人	培育人
75	菲丝梦德	大戟属	弗劳拉诺娃普夫兰森股份有限公司	20030020	2003-7-29	20050003	2005-5-16	弗劳拉诺娃普夫兰森股份有限公司	凯撒瑞纳·赞尔
76	菲丝尔妃(FISELFI)	大戟属	弗劳拉诺娃普夫兰森股份有限公司	20030023	2003-7-29	20050004	2005-5-16	弗劳拉诺娃普夫兰森股份有限公司	凯撒瑞纳·赞尔
77	凯姆-红葡萄	大戟属	弗劳拉诺娃普夫兰森股份有限公司	20030026	2003-7-29	20050005	2005-5-16	弗劳拉诺娃普夫兰森股份有限公司	凯撒瑞纳·赞尔
78	西特洛伊(SCHRETROJE)	蔷薇属	皮特·西吕厄斯控股公司	20030027	2003-8-26	20050006	2005-5-16	皮特·西吕厄斯控股公司	皮特鲁斯·尼古拉斯·约翰内斯·西吕厄斯
79	西莱纳特(SCHRENAT)	蔷薇属	皮特·西吕厄斯控股公司	20030028	2003-8-26	20050007	2005-5-16	皮特·西吕厄斯控股公司	皮特鲁斯·尼古拉斯·约翰内斯·西吕厄斯
80	谢达卡普(SCHETAKUP)	蔷薇属	皮特·西吕厄斯控股公司	20030029	2003-8-26	20050008	2005-5-16	皮特·西吕厄斯控股公司	皮特鲁斯·尼古拉斯·约翰内斯·西吕厄斯
81	硕米乌普(SCHROMIUP)	蔷薇属	皮特·西吕厄斯控股公司	20030030	2003-8-26	20050009	2005-5-16	皮特·西吕厄斯控股公司	皮特鲁斯·尼古拉斯·约翰内斯·西吕厄斯
82	斯科苔(Scholtec)	蔷薇属	皮特·西吕厄斯控股公司	20030032	2003-10-9	20050010	2005-5-16	皮特·西吕厄斯控股公司	皮特鲁斯·尼古拉斯·约翰内斯·西吕厄斯
83	西露丝(Schirus)	蔷薇属	皮特·西吕厄斯控股公司	20030033	2003-10-9	20050011	2005-5-16	皮特·西吕厄斯控股公司	皮特鲁斯·尼古拉斯·约翰内斯·西吕厄斯
84	文大克	大戟属	保罗艾克公司	20030034	2003-10-30	20050012	2005-11-28	保罗艾克公司	弗郎茨·弗吕沃茨
85	自由亮红(BRIGHT RED FREEDOM)	大戟属	保罗艾克公司	20030035	2003-10-30	20050013	2005-11-28	保罗艾克公司	弗郎茨·弗吕沃茨
86	艾克丽(ECKALIX)	大戟属	保罗艾克公司	20030036	2003-10-30	20050014	2005-11-28	保罗艾克公司	弗郎茨·弗吕沃茨
87	艾克芬(ECKALVEEN)	大戟属	保罗艾克公司	20030038	2003-10-30	20050015	2005-11-28	保罗艾克公司	小林·鲁思
88	艾克奇(ECKAKEEM)	大戟属	保罗艾克公司	20030039	2003-11-4	20050016	2005-11-28	保罗艾克公司	弗郎茨·弗吕沃茨
89	杜斯宝特(DUESPOTWO)	大戟属	玛格·都门	20030042	2003-12-23	20050017	2005-5-16	玛格·都门	玛格·都门
90	杜丽柏瑞(DUELEBRI)	大戟属	玛格·都门	20030043	2003-12-23	20050018	2005-5-16	玛格·都门	玛格·都门
91	杜普丽(DUEPRE)	大戟属	玛格·都门	20030044	2003-12-23	20050019	2005-5-16	玛格·都门	玛格·都门
92	杜玛丽(DUEMAL)	大戟属	玛格·都门	20030045	2003-12-23	20050020	2005-5-16	玛格·都门	玛格·都门
93	杜梅珂(DUEIMCO)	大戟属	玛格·都门	20030046	2003-12-23	20050021	2005-5-16	玛格·都门	玛格·都门
94	杜洛雅(DUEROYAL)	大戟属	玛格·都门	20030047	2003-12-23	20050022	2005-5-16	玛格·都门	玛格·都门
95	米雅	蔷薇属	通海丽都花卉有限公司	20050001	2005-1-5	20050023	2005-11-28	通海丽都花卉有限公司	朱应雄、罗春炉、禄金梅、储华仙
96	艾丽	蔷薇属	通海丽都花卉有限公司	20050002	2005-1-5	20050024	2005-11-28	通海丽都花卉有限公司	朱应雄、罗春炉、禄金梅、沐娩、储华仙
97	雅苏娜	蔷薇属	通海丽都花卉有限公司	20050003	2005-1-5	20050025	2005-11-28	通海丽都花卉有限公司	朱应雄、罗春炉、禄金梅、沐娩、储华仙
98	云熙	蔷薇属	通海丽都花卉有限公司	20050004	2005-1-5	20050026	2005-11-28	通海丽都花卉有限公司	朱应雄、罗春炉、禄金梅、沐娩、储华仙

序号	品种名称	所属属种	申请人	申请号	申请日	品种权号	授权日	品种权人	培育人
99	雅美	蔷薇属	通海丽都花卉有限公司	20050005	2005-1-5	20050027	2005-11-28	通海丽都花卉有限公司	朱应雄、罗春炉、禄金梅、沐婵、储华仙
100	金冠白蜡	白蜡树属	鄢陵县大马奇新珍苗木繁育场	20050010	2005-01-12	20050028	2005-11-28	鄢陵县大马奇新珍苗木繁育场	王胜连
101	甘露槐	刺槐属	北京林业大学、中国科学院遗传与发育生物学研究所	20030041	2003-11-25	20050029	2005-11-28	北京林业大学、中国科学院遗传与发育生物学研究所	王华芳、尹伟伦、陈受宜、张劲松、李敏
102	云茶 1 号	山茶属	云南省农业科学院茶叶研究所	20040031	2004-11-30	20050030	2005-11-28	云南省农业科学院茶叶研究所	张俊、田易萍、徐丕忠、张惠
103	紫娟	山茶属	云南省农业科学院茶叶研究所	20040030	2004-11-30	20050031	2005-11-28	云南省农业科学院茶叶研究所	包云秀、王朝纪、杨兴荣、黄梅
104	宁杞 3 号	枸杞属	宁夏农林科学院	20050011	2005-1-15	20050032	2005-11-28	宁夏农林科学院	钟鉎元、 秦垦、洪凤英
105	京 2 杨	杨属	中国林业科学研究院林业研究所、 秦皇岛市林业局	20050015	2005-3-4	20050033	2005-11-28	中国林业科学研究院林业研究所、 秦皇岛市林业局	何庆庚、刘志新、苏晓华、黄秦军、王耀文等
106	京 6 杨	杨属	中国林业科学研究院林业研究所、 秦皇岛市林业局	20050016	2005-3-4	20050034	2005-11-28	中国林业科学研究院林业研究所、 秦皇岛市林业局	何庆庚、刘志新、苏晓华、黄秦军、王耀文、张冰玉等
107	金铃园枣	枣	张连增	20040032	2004-12-10	20050035	2005-11-28	张连增	张连增
108	红虎舌	紫金牛属	中国科学院华西亚高山植物园	20040034	2004-12-10	20050036	2005-11-28	中国科学院华西亚高山植物园	庄平、邵慧敏、吴荭、冯正波、张超
109	绿虎舌	紫金牛属	中国科学院华西亚高山植物园	20040033	2004-12-10	20050037	2005-11-28	中国科学院华西亚高山植物园	庄平、邵慧敏、吴荭、冯正波、张超
110	友谊	蔷薇属	昆明杨月季园艺有限责任公司	20040017	2004-07-14	20050038	2005-12-12	昆明杨月季园艺有限责任公司	杨玉勇
111	往日情怀	蔷薇属	昆明杨月季园艺有限责任公司	20040019	2004-07-14	20050039	2005-12-12	昆明杨月季园艺有限责任公司	杨玉勇
112	粉钻	蔷薇属	昆明杨月季园艺有限责任公司	20050037	2005-06-17	20050040	2005-12-12	昆明杨月季园艺有限责任公司	杨玉勇、吴华、蔡能、伙秀丽、高冰莹
113	红宝石	蔷薇属	昆明杨月季园艺有限责任公司	20050038	2005-06-17	20050041	2005-12-12	昆明杨月季园艺有限责任公司	杨玉勇、吴华、蔡能、伙秀丽、高冰莹
114	碧玉杨	杨属	包头林源生物技术有限公司	20010003	2001-6-21	20060001	2006-03-06	包头林源生物技术有限公司	郭连生、段玉柱、许革华、陈事宏、孙金锁、段黎光、姜少军、石玉英
115	碧云杨	杨属	包头林源生物技术有限公司	20010004	2001-8-11	20060002	2006-03-06	包头林源生物技术有限公司	郭连生、段玉柱、许革华、陈事宏、孙金锁、段黎光、姜少军、石玉英
116	天演 98 杨	杨属	新疆天演生物技术有限责任公司	20010006	2001-09-11	20060003	2006-03-06	新疆天演生物技术有限责任公司	唐天林、李海军、郑黎敏、王建华、张林杰、席鹏
117	天演 2000 杨	杨属	新疆天演生物技术有限责任公司	20010007	2001-9-11	20060004	2006-03-06	新疆天演生物技术有限责任公司	唐天林、李海军、郑黎敏、王建华、张林杰、席鹏
118	天演 99 杨	杨属	新疆天演生物技术有限责任公司	20010008	2001-10-31	20060005	2006-03-06	新疆天演生物技术有限责任公司	唐天林、李海军、郑黎敏、王建华、张林杰、席鹏

序号	品种名称	所属属种	申请人	申请号	申请日	品种权号	授权日	品种权人	培育人
119	紫奇碧桃	桃花	山东农业大学	20050035	2005-5-31	20060006	2006-08-22	山东农业大学	沈向、毛志泉、胡艳丽、王丽琴、陈学森、束怀瑞
120	中红杨	杨属	河南省林业科学研究院、程相军	20050036	2005-6-10	20060007	2006-08-22	河南省林业科学研究院、程相军	朱延林、程相军
121	美人榆	榆属	河北省林业科学研究院、石家庄绿缘达园林工程公司	20050051	2005-8-25	20060008	2006-08-22	河北省林业科学研究院、石家庄绿缘达园林工程公司	黄印冉、张均营、刘俊、马增旺、马孟良、徐振华、曲银鹏、邢存旺
122	金昌一号	枣	山西省农业科学研究院植物保护研究所	20050014	2005-2-22	20070001	2007-01-31	山西省农业科学研究院植物保护研究所	李连昌、李捷
123	皇冠栾	栾树属	鄢陵县大马奇新珍苗木繁育场	20050034	2005	20070002	2007-01-31	鄢陵县大马奇新珍苗木繁育场	王胜连
124	云玫	蔷薇属	云南省农业科学院	20050072	2005-12-7	20070003	2007-04-04	云南省农业科学院	唐开学、张颢、李树发、陆琳、王继华、郑凌、瞿素萍、王丽花
125	云粉	蔷薇属	云南省农业科学院	20060036	2006-05-19	20070004	2007-4-4	云南省农业科学院	唐开学、张颢、李树发、陆琳、王继华、鄢波、李涵、瞿素萍、王丽花、张婷
126	锦叶栾	栾树属	王国栋、石聚宝	20050058	2005-10-18	20070005	2007-01-31	王国栋、石聚宝	王国栋、石聚宝
127	金天使	卫矛属	潘常智	20050060	2005-11-04	20070006	2007-01-31	潘常智	潘常智
128	丽娜	蔷薇属	云南丽都花卉产业发展有限公司	20050063	2005-11-30	20070007	2007-01-31	云南丽都花卉产业发展有限公司	朱应雄、罗春炉、程怀章、师增辉、禄金梅、张静波
129	安琪拉	蔷薇属	云南丽都花卉产业发展有限公司	20050064	2005-11-30	20070008	2007-01-31	云南丽都花卉产业发展有限公司	朱应雄、罗春炉、程怀章、师增辉、禄金梅、张静波
130	美琪	蔷薇属	云南丽都花卉产业发展有限公司	20050065	2005-11-30	20070009	2007-03-02	云南丽都花卉产业发展有限公司	朱应雄、罗春炉、程怀章、师增辉、禄金梅、张静波
131	瓦蒂	蔷薇属	云南丽都花卉产业发展有限公司	20050069	2005-11-30	20070010	2007-01-31	云南丽都花卉产业发展有限公司	朱应雄、罗春炉、程怀章、师增辉、禄金梅、张静波
132	艾佛莉	蔷薇属	云南丽都花卉产业发展有限公司	20050071	2005-11-30	20070011	2007-01-31	云南丽都花卉产业发展有限公司	朱应雄、罗春炉、程怀章、师增辉、禄金梅、张静波
133	中怀 1 号	杨属	中国林业科学研究院林业研究所	20060001	2005-12-27	20070012	2007-01-31	中国林业科学研究院林业研究所	胡建军、韩一凡、李淑梅、李玲、虞春航、李有来、顾斌、赵自成
134	中怀 2 号	杨属	中国林业科学研究院林业研究所	20060002	2005-12-27	20070013	2007-01-31	中国林业科学研究院林业研究所	李玲、韩一凡、李淑梅、胡建军、虞春航、李有来、顾斌、赵自成、屈菊平、赵名花
135	森海 1 号	杨属	上海森海林业科技有限公司、中国林业科学研究院林业研究所	20060003	2005-12-27	20070014	2007-01-31	上海森海林业科技有限公司、中国林业科学研究院林业研究所	秦培钧、安学惠、韩一凡、李淑梅、胡建军、李玲、李有来、安旭、赵自成
136	森海 2 号	杨属	上海森海林业科技有限公司、中国林业科学研究院林业研究所	20060004	2005-12-27	20070015	2007-01-31	上海森海林业科技有限公司、中国林业科学研究院林业研究所	秦培钧、安学惠、韩一凡、李淑梅、胡建军、李玲、李有来、安旭、赵自成

序号	品种名称	所属属种	申请人	申请号	申请日	品种权号	授权日	品种权人	培育人
137	紫霞	黄栌属	北京市十三陵昊林苗圃、北京市林业种子苗木管理总站	20060017	2006-03-09	20070016	2007-01-31	北京市十三陵昊林苗圃、北京市林业种子苗木管理总站	邵书鹏、卢宝明、姜英淑、张延达
138	库安托	杨属	张绮纹	20020002	2002-1-18	20070017	2007-01-31	张绮纹	意大利罗马农林研究中心
139	贝洛托	杨属	张绮纹	20020005	2002-1-18	20070018	2007-01-31	张绮纹	意大利罗马农林研究中心
140	科文里格 (KORVENLIG)	蔷薇属	德国科德斯月季育种公司	20040013	2004-7-16	20070019	2007-01-31	德国科德斯月季育种公司	威廉科德斯 (Wilhelm Kordes)
141	聊红槐	槐属	聊城大学	20060043	2006-8-30	20070020	2007-09-07	聊城大学	邱艳昌、张秀省、黄勇
142	晚春含笑	含笑属	云南绿大地生物技术股份有限公司	20050039	2005-6-21	20070021	2007-09-07	云南绿大地生物科技股份有限公司	龚洵
143	健杨 94	杨属	上海森海林业科技有限公司、中国林业科学研究院林业研究所、河南省濮阳林业科学研究所	20060050	2006-12-12	20070022	2007-09-07	上海森海林业科技有限公司、中国林业科学研究院林业研究所、 河南省濮阳林业科学研究所	秦培钧、韩一凡、李淑梅、李玲、胡建军、苏衍修、赵自成、安学惠、林意、陈丛梅、宋立功、李强力、安文义、马记良
144	喜临门杜鹃	杜鹃花属	中国科学院昆明植物研究所、云南绿大地生物科技股份有限公司	20060009	2006-02-17	20070023	2007-09-07	中国科学院昆明植物研究所、云南绿大地生物科技股份有限公司	张长芹、黄媛、张敬丽、田伟
145	雪美人	杜鹃花属	中国科学院昆明植物研究所	20060011	2006-02-17	20070024	2007-09-07	中国科学院昆明植物研究所	张长芹、高连明、吴之坤、张敬丽、孙宝玲、田伟、乔琴
146	红晕	杜鹃花属	中国科学院昆明植物研究所	20060012	2006-02-17	20070025	2007-09-07	中国科学院昆明植物研究所	张长芹、冯宝钧、高连明
147	金踯躅	杜鹃花属	中国科学院昆明植物研究所	20060013	2006-02-17	20070026	2007-09-07	中国科学院昆明植物研究所	张长芹、黄媛、高连明
148	紫艳	杜鹃花属	中国科学院昆明植物研究所	20060014	2006-02-17	20070027	2007-09-07	中国科学院昆明植物研究所	张长芹、黄媛、高连明
149	娇艳杜鹃	杜鹃花属	云南绿大地生物科技股份有限公司	20060015	2006-02-17	20070028	2007-09-07	云南绿大地生物科技股份有限公司	张长芹、黄媛、高连明
150	桃花镶玉	芍药属	北京林业大学	20050052	2005-10-12	20070029	2007-09-07	北京林业大学	成仿云
151	祥云	芍药属	北京林业大学	20050053	2005-10-12	20070030	2007-09-07	北京林业大学	成仿云
152	高原圣火	芍药属	北京林业大学	20050054	2005-10-12	20070031	2007-09-07	北京林业大学	成仿云
153	傲霜	牡丹	北京林业大学	20050055	2005-10-12	20070032	2007-09-07	北京林业大学	成仿云、赵弟轩
154	菲丝文茜 (FISVINCI)	大戟属	弗劳拉诺娃普夫兰森股份有限公司 (FLORA-NOVA Pflanzen GmbH)	20030021	2003-7-29	20070033	2007-12-13	弗劳拉诺娃普夫兰森股份有限公司 (FLORA-NOVA Pflanzen GmbH)	凯撒瑞纳・赞尔
155	玫波勒斯 (Meibuleux)	蔷薇属	法国玫岚国际公司 (Meilland International S.A., France)	20040006	2004-6-28	20070034	2007-12-13	法国玫岚国际公司 (Meilland International S.A., France)	阿兰・安东尼・玫岚 Alain,Antoine Meilland
156	科斯瑞德 (KORSERED)	蔷薇属	德国科德斯月季育种公司	20040009	2004-7-16	20070035	2007-12-13	德国科德斯月季育种公司	威廉科德斯 (Wilhelm Kordes)
157	科斯拉斯 (KORISLAS)	蔷薇属	德国科德斯月季育种公司	20040011	2004-7-16	20070036	2007-12-13	德国科德斯月季育种公司	威廉科德斯 (Wilhelm Kordes)

序号	品种名称	所属属种	申请人	申请号	申请日	品种权号	授权日	品种权人	培育人
158	科黑格高 (KORHIGEGO)	蔷薇属	德国科德斯月季育种公司	20040012	2004-7-16	20070037	2007-12-13	德国科德斯月季育种公司	威廉科德斯 (Wilhelm Kordes)
159	科勒拉 (KOROLESOLA)	蔷薇属	德国科德斯月季育种公司	20040014	2004-7-16	20070038	2007-12-13	德国科德斯月季育种公司	威廉科德斯 (Wilhelm Kordes)
160	科绰菲 (KORTRAUPFI)	蔷薇属	德国科德斯月季育种公司	20040015	2004-7-16	20070039	2007-12-13	德国科德斯月季育种公司	威廉科德斯 (Wilhelm Kordes)
161	科瑞克 (KORTUREK)	蔷薇属	德国科德斯月季育种公司	20040016	2004-7-16	20070040	2007-12-13	德国科德斯月季育种公司	威廉科德斯 (Wilhelm Kordes)
162	科玛高若 (KORMAGORO)	蔷薇属	德国科德斯月季育种公司	20040022	2004-8-25	20070041	2007-12-13	德国科德斯月季育种公司	威廉科德斯 (Wilhelm Kordes)
163	科丽吉尔 (KORLIGEL)	蔷薇属	德国科德斯月季育种公司	20040023	2004-08-25	20070042	2007-12-13	德国科德斯月季育种公司	威廉科德斯 (Wilhelm Kordes)
164	科卓轮 (KORJULON)	蔷薇属	德国科德斯月季育种公司	20040024	2004-08-25	20070043	2007-12-13	德国科德斯月季育种公司	威廉科德斯 (Wilhelm Kordes)
165	杜乐格丽 (DUEUROGLORY)	大戟属	玛格·都门 (Marga Dümmen)	20050006	2005-1-13	20070044	2007-12-13	玛格·都门 (Marga Dümmen)	玛格·都门
166	坦克萨莫 (Tanxam)	蔷薇属	德国罗森坦图玛蒂亚斯坦图纳切夫公司 (Rosen Tantau, Mathias Tantau Nachf)	20050008	2005-1-5	20070045	2007-12-13	德国罗森坦图玛蒂亚斯坦图纳切夫公司 (Rosen Tantau, Mathias Tantau Nachf)	汉斯 朱尔根 埃维尔斯 (Hans Jurgen Evers)
167	坦纳礼品 (Tanalepin)	蔷薇属	德国罗森坦图玛蒂亚斯坦图纳切夫公司 (Rosen Tantau, Mathias Tantau Nachf)	20050009	2005-1-5	20070046	2007-12-13	德国罗森坦图玛蒂亚斯坦图纳切夫公司 (Rosen Tantau, Mathias Tantau Nachf)	汉斯 朱尔根 埃维尔斯 (Hans Jurgen Evers)
168	坦 00111 (Tan 00111)	蔷薇属	德国罗森坦图玛蒂亚斯坦图纳切夫公司 (Rosen Tantau, Mathias Tantau Nachf)	20050017	2005-3-31	20070047	2007-12-13	德国罗森坦图玛蒂亚斯坦图纳切夫公司 (Rosen Tantau, Mathias Tantau Nachf)	汉斯 朱尔根 埃维尔斯 (Hans Jurgen Evers)
169	坦 00146 (Tan 00146)	蔷薇属	德国罗森坦图玛蒂亚斯坦图纳切夫公司 (Rosen Tantau, Mathias Tantau Nachf)	20050018	2005-3-31	20070048	2007-12-13	德国罗森坦图玛蒂亚斯坦图纳切夫公司 (Rosen Tantau, Mathias Tantau Nachf)	汉斯 朱尔根 埃维尔斯 (Hans Jurgen Evers)
170	坦 00151 (Tan 00151)	蔷薇属	德国罗森坦图玛蒂亚斯坦图纳切夫公司 (Rosen Tantau, Mathias Tantau Nachf)	20050019	2005-3-31	20070049	2007-12-13	德国罗森坦图玛蒂亚斯坦图纳切夫公司 (Rosen Tantau, Mathias Tantau Nachf)	汉斯 朱尔根 埃维尔斯 (Hans Jurgen Evers)

序号	品种名称	所属属种	申请人	申请号	申请日	品种权号	授权日	品种权人	培育人
171	坦 00163 (Tan 00163)	蔷薇属	德国罗森坦图玛蒂亚斯坦图纳切夫公司 (Rosen Tantau, Mathias Tantau Nachf)	20050020	2005-3-31	20070050	2007-12-13	德国罗森坦图玛蒂亚斯坦图纳切夫公司 (Rosen Tantau, Mathias Tantau Nachf)	汉斯 朱尔根 埃维尔斯 (Hans Jurgen Evers)
172	坦 00370 (Tan 00370)	蔷薇属	德国罗森坦图玛蒂亚斯坦图纳切夫公司 (Rosen Tantau, Mathias Tantau Nachf)	20050021	2005-3-31	20070051	2007-12-13	德国罗森坦图玛蒂亚斯坦图纳切夫公司 (Rosen Tantau, Mathias Tantau Nachf)	汉斯 朱尔根 埃维尔斯 (Hans Jurgen Evers)
173	坦 01693 (Tan 01693)	蔷薇属	德国罗森坦图玛蒂亚斯坦图纳切夫公司 (Rosen Tantau, Mathias Tantau Nachf)	20050022	2005-3-31	20070052	2007-12-13	德国罗森坦图玛蒂亚斯坦图纳切夫公司 (Rosen Tantau, Mathias Tantau Nachf)	汉斯 朱尔根 埃维尔斯 (Hans Jurgen Evers)
174	坦 98399 (Tan 98399)	蔷薇属	德国罗森坦图玛蒂亚斯坦图纳切夫公司 (Rosen Tantau, Mathias Tantau Nachf)	20050026	2005-3-31	20070053	2007-12-13	德国罗森坦图玛蒂亚斯坦图纳切夫公司 (Rosen Tantau, Mathias Tantau Nachf)	汉斯 朱尔根 埃维尔斯 (Hans Jurgen Evers)
175	坦 99303 (Tan 99303)	蔷薇属	德国罗森坦图玛蒂亚斯坦图纳切夫公司 (Rosen Tantau, Mathias Tantau Nachf)	20050027	2005-3-31	20070054	2007-12-13	德国罗森坦图玛蒂亚斯坦图纳切夫公司 (Rosen Tantau, Mathias Tantau Nachf)	汉斯 朱尔根 埃维尔斯 (Hans Jurgen Evers)
176	坦 01549 (Tan 01549)	蔷薇属	德国罗森坦图玛蒂亚斯坦图纳切夫公司 (Rosen Tantau, Mathias Tantau Nachf)	20050028	2005-4-21	20070055	2007-12-13	德国罗森坦图玛蒂亚斯坦图纳切夫公司 (Rosen Tantau, Mathias Tantau Nachf)	汉斯 朱尔根 埃维尔斯 (Hans Jurgen Evers)
177	西比亚司 (SCHUBIAX)	蔷薇属	皮特·西吕厄斯控股公司 (Piet Schreurs Holding B. V.)	20050040	2005-7-6	20070056	2007-12-13	皮特·西吕厄斯控股公司 (Piet Schreurs Holding B. V.)	皮特鲁斯·尼古拉斯·约翰内斯·西吕厄斯
178	喜力克拉 (SCHRECLA)	蔷薇属	皮特·西吕厄斯控股公司 (Piet Schreurs Holding B. V.)	20050041	2005-7-6	20070057	2007-12-13	皮特·西吕厄斯控股公司 (Piet Schreurs Holding B. V.)	皮特鲁斯·尼古拉斯·约翰内斯·西吕厄斯
179	晓美 (SCHORMAI)	蔷薇属	皮特·西吕厄斯控股公司 (Piet Schreurs Holding B. V.)	20050043	2005-7-6	20070058	2007-12-13	皮特·西吕厄斯控股公司 (Piet Schreurs Holding B. V.)	皮特鲁斯·尼古拉斯·约翰内斯·西吕厄斯

序号	品种名称	所属属种	申请人	申请号	申请日	品种权号	授权日	品种权人	培育人
180	科纽 01072 (Klew 01072)	大戟属	尼尔斯·科勒姆 (Nils Klemm)	20050045	2005-7-29	20070059	2007-12-13	尼尔斯·科勒姆 (Nils Klemm)	尼尔斯·科勒姆 (Nils Klemm)
181	科纽 01073 (Klew01073)	大戟属	尼尔斯·科勒姆 (Nils Klemm)	20050046	2005-7-29	20070060	2007-12-13	尼尔斯·科勒姆 (Nils Klemm)	尼尔斯 科勒姆 (Nils Klemm)
182	恩普斯威 02022 (NPCW02022)	大戟属	尼尔斯·科勒姆 (Nils Klemm)	20050047	2005-07-29	20070061	2007-12-13	尼尔斯·科勒姆 (Nils Klemm)	尼尔斯·科勒姆 (Nils Klemm)
183	克莱斯克露琪 (Classic Rouge)	杜鹃花属	比利时园艺育种有限公司 (HORTIBREED N.V.)	20050056	2005-10-14	20070062	2007-12-13	比利时园艺育种有限公司 (HORTIBREED N.V.)	约翰·范得海根 (Johan Vanderhaegen)
184	可丽斯汀美其客 (Christine Magic)	杜鹃花属	比利时园艺育种有限公司 (HORTIBREED N.V.)	20050057	2005-10-14	20070063	2007-12-13	比利时园艺育种有限公司 (HORTIBREED N.V.)	约翰·范得海根 (Johan Vanderhaegen)
185	科莱普 (KORABURG)	蔷薇属	德国科德斯月季育种公司	20060020	2006-03-23	20070064	2007-12-13	德国科德斯月季育种公司	威廉·科德斯 (Wilhelm Kordes)
186	科比兰德 (KORBILANT)	蔷薇属	德国科德斯月季育种公司	20060021	2006-03-23	20070065	2007-12-13	德国科德斯月季育种公司	威廉·科德斯 (Wilhelm Kordes)
187	科坤尔达 (KORQUELDA)	蔷薇属	德国科德斯月季育种公司	20060023	2006-03-23	20070067	2007-12-13	德国科德斯月季育种公司	威廉·科德斯 (Wilhelm Kordes)
188	科韦丝露 (KORWESRUG)	蔷薇属	德国科德斯月季育种公司	20060025	2006-03-23	20070069	2007-12-13	德国科德斯月季育种公司	威廉·科德斯 (Wilhelm Kordes)
189	科古苏茉 (KORGOSUMO)	蔷薇属	德国科德斯月季育种公司	20060026	2006-03-23	20070070	2007-12-13	德国科德斯月季育种公司	威廉·科德斯 (Wilhelm Kordes)
190	科姬尔文 (KORKILGWEN)	蔷薇属	德国科德斯月季育种公司	20060027	2006-03-23	20070071	2007-12-13	德国科德斯月季育种公司	威廉·科德斯 (Wilhelm Kordes)
191	科克莱莫 (KORKLEMOL)	蔷薇属	德国科德斯月季育种公司	20060028	2006-03-23	20070072	2007-12-13	德国科德斯月季育种公司	威廉·科德斯 (Wilhelm Kordes)
192	科拉瑞慈 (KORLABRIAX)	蔷薇属	德国科德斯月季育种公司	20060029	2006-03-23	20070073	2007-12-13	德国科德斯月季育种公司	威廉·科德斯 (Wilhelm Kordes)
193	科玛蒂兹 (KORMAMTIZA)	蔷薇属	德国科德斯月季育种公司	20060030	2006-03-23	20070074	2007-12-13	德国科德斯月季育种公司	威廉·科德斯 (Wilhelm Kordes)
194	科菲拉蒂 (KORVILLADE)	蔷薇属	德国科德斯月季育种公司	20060031	2006-03-23	20070075	2007-12-13	德国科德斯月季育种公司	威廉·科德斯 (Wilhelm Kordes)
195	科考露玛 (KORCOLUMA)	蔷薇属	德国科德斯月季育种公司	20060033	2006-03-23	20070076	2007-12-13	德国科德斯月季育种公司	威廉·科德斯 (Wilhelm Kordes)
196	科达吐蕊 (KORDATURA)	蔷薇属	德国科德斯月季育种公司	20060034	2006-03-23	20070077	2007-12-13	德国科德斯月季育种公司	威廉·科德斯 (Wilhelm Kordes)
197	科丝塔娜 (KORSTARNOW)	蔷薇属	德国科德斯月季育种公司	20060035	2006-03-23	20070078	2007-12-13	德国科德斯月季育种公司	威廉·科德斯 (Wilhelm Kordes)
198	红如意石榴	石榴属	刘中甫	20060006	2006-01-08	20070079	2007-12-13	刘中甫	刘中甫
199	剑苏铁	苏铁属	深圳市仙湖植物园管理处	20060008	2006-02-07	20070080	2007-12-13	深圳市仙湖植物园管理处	李楠、李勇、刘芳齐、陈涛、林平义
200	艾克佳 (ECKALGER)	大戟属	保罗·艾克公司 (PAUL ECKE RANCH)	20040008	2004-7-16	20080001	2008-05-29	保罗·艾克公司 (PAUL ECKE RANCH)	小林·鲁思

序号	品种名称	所属属种	申请人	申请号	申请日	品种权号	授权日	品种权人	培育人
201	文丽朵 (WINRED)	大戟属	保罗・艾克公司 (PAUL ECKE RANCH)	20040027	2004-9-28	20080002	2008-05-29	保罗・艾克公司 (PAUL ECKE RANCH)	隆・克瑞默 (Ron Cramer)
202	厚竹	刚竹属	江西农业大学	20060005	2005-12-20	20080003	2008-05-29	江西农业大学	杨光耀、郭起荣、杜天真、施建敏、黎祖尧
203	玫佳蕊 (MEIGADRAZ)	蔷薇属	玫岚国际公司 (Meilland International S.A.)	20060019	2006-03-16	20080004	2008-05-29	玫岚国际公司 (MEILLAND INTERNATIONAL S.A.)	阿兰・安托万・玫岚 (Alain, Antoine MEILLAND)
204	科帕托芙 (KORPATETOF)	蔷薇属	德国科德斯月季育种公司	20060022	2006-03-23	20080005	2008-05-29	德国科德斯月季育种公司	威廉・科德斯 (Wilhelm Kordes)
205	科娃纳博 (KORVANABER)	蔷薇属	德国科德斯月季育种公司	20060024	2006-03-23	20080006	2008-05-29	德国科德斯月季育种公司	威廉・科德斯 (Wilhelm Kordes)
206	黑美人	梅	北京林业大学	20070010	2007-2-26	20080007	2008-05-29	北京林业大学	陈俊愉
207	香瑞白	梅	北京林业大学	20070011	2007-2-26	20080008	2008-05-29	北京林业大学	陈瑞丹、张启翔、陈俊愉
208	红寿星	木兰属	深圳市仙湖植物园管理处、陕西省西安植物园	20070044	2007-9-19	20080009	2008-05-29	深圳市仙湖植物园管理处、陕西省西安植物园	张寿洲、王亚玲
209	日光石	蔷薇属	昆明杨月季园艺有限责任公司	20070045	2007-9-19	20080010	2008-05-29	昆明杨月季园艺有限责任公司	杨玉勇、张启翔、潘会堂、程堂仁、蔡能
210	桃花石	蔷薇属	昆明杨月季园艺有限责任公司	20070046	2007-9-19	20080011	2008-05-29	昆明杨月季园艺有限责任公司	杨玉勇、张启翔、潘会堂、程堂仁、蔡能
211	黑玉	蔷薇属	昆明杨月季园艺有限责任公司	20070047	2007-9-19	20080012	2008-05-29	昆明杨月季园艺有限责任公司	杨玉勇、张启翔、潘会堂、程堂仁、蔡能
212	金玉	蔷薇属	昆明杨月季园艺有限责任公司	20070048	2007-9-19	20080013	2008-05-29	昆明杨月季园艺有限责任公司	张启翔、潘会堂、程堂仁、杨玉勇、蔡能
213	红玉	蔷薇属	昆明杨月季园艺有限责任公司	20070049	2007-9-19	20080014	2008-05-29	昆明杨月季园艺有限责任公司	张启翔、潘会堂、程堂仁、杨玉勇、蔡能
214	红笑星	木兰属	深圳市仙湖植物园管理处、陕西省西安植物园	20070051	2007-10-9	20080015	2008-05-29	深圳市仙湖植物园管理处、陕西省西安植物园	张寿洲、 王亚玲
215	森桐 1 号	泡桐属	上海森海林业科技有限公司	20070056	2007-11-21	20080016	2008-05-29	上海森海林业科技有限公司	韩一凡、钱息恩、李淑梅、李玲、胡建军、赵自成、张春玲、苏雪辉、魏万生、林意、王志兴
216	森桐 2 号	泡桐属	上海森海林业科技有限公司	20070057	2007-11-21	20080017	2008-05-29	上海森海林业科技有限公司	韩一凡、钱息恩、李淑梅、李玲、胡建军、赵自成、张春玲、苏雪辉、魏万生、林意、王冰山
217	英红小枣	枣	刘正英	20060049	2006-10-13	20080018	2008-12-02	刘正英	刘正英
218	黑山寨 7 号	板栗属	北京市农林科学院林业果树研究所	20070037	2007-8-3	20080019	2008-12-2	北京市农林科学院林业果树研究所	黄武刚、周志军、程丽莉、陈生凡
219	可可茶 1 号	山茶属	中山大学生命科学学院、广东省农业科学院茶叶研究所	20070023	2007-05-28	20080020	2008-12-02	中山大学生命科学学院、广东省农业科学院茶叶研究所	叶创兴、李家贤、彭力、何玉媚、石祥刚、黄华林、宋晓虹、苗爱清、赵超艺、吴家尧、陈栋、袁长春、郑新强

序号	品种名称	所属属种	申请人	申请号	申请日	品种权号	授权日	品种权人	培育人
220	可可茶 2 号	山茶属	中山大学生命科学学院、广东省农业科学院茶叶研究所	20070024	2007-05-28	20080021	2008-12-02	广东省农业科学院茶叶研究所、中山大学生命科学学院	李家贤、叶创兴、何玉媚、彭力、黄华林、石祥刚、苗爱清、宋晓虹、赵超艺、吴家尧、陈栋、袁长春、郑新强
221	元林	核桃属	山东省林业科学研究院、泰安市绿园经济林果树研究所	20070054	2007-11-16	20080022	2008-12-02	山东省林业科学研究院、泰安市绿园经济林果树研究所	侯立群、王钧毅、王开芳、赵登超、张文越、高尚峰、王露琴、马扶民
222	国丰	杏	辽宁省果树科学研究所	20080012	2008-02-20	20080023	2008-12-02	辽宁省果树科学研究所	刘威生、刘宁、孙猛、张玉萍、赵锋、郁香荷、徐铭
223	国强	杏	辽宁省果树科学研究所	20080013	2008-02-20	20080024	2008-12-02	辽宁省果树科学研究所	刘威生、孙猛、刘宁、张玉萍、赵锋、郁香荷、徐铭
224	特娇	蔷薇属	北京联合大学	20070058	2007-11-21	20080025	2008-12-02	北京联合大学	鲍平秋、张雷、丁艳丽、刘素华
225	特俏	蔷薇属	北京联合大学	20070059	2007-11-21	20080026	2008-12-02	北京联合大学	鲍平秋、张雷、丁艳丽、刘素华
226	南林果 1	银杏	南京林业大学	20070015	2006-12-30	20080027	2008-12-02	南京林业大学	曹福亮、汪贵斌、张往祥
227	南林果 2	银杏	南京林业大学	20070016	2006-12-30	20080028	2008-12-02	南京林业大学	曹福亮、汪贵斌、张往祥
228	鲁林 1 号杨	杨属	山东省林业科学研究院	20080019	2008-04-17	20080029	2008-12-02	山东省林业科学研究院	姜岳忠、秦光华、乔玉玲、王卫东、荀守华、王月海
229	鲁林 2 号杨	杨属	山东省林业科学研究院	20080020	2008-04-17	20080030	2008-12-02	山东省林业科学研究院	姜岳忠、秦光华、乔玉玲、王彦、王卫东、荀守华、王月海
230	鲁林 3 号杨	杨属	山东省林业科学研究院	20080021	2008-04-17	20080031	2008-12-02	山东省林业科学研究院	姜岳忠、秦光华、乔玉玲、王彦、王卫东、荀守华、王月海
231	青林	核桃属	山东省林业科学研究院、泰安市绿园经济林果树研究所	20070055	2007-11-16	20080032	2008-12-02	山东省林业科学研究院、泰安市绿园经济林果树研究所	侯立群、王钧毅、赵登超、杨克强、王迎、赵萍、李际华、王露琴
232	松针	银杏	泰安市泰山林业科学研究院、泰山银杏开发研究联谊会	20080033	2008-04-17	20080033	2008-12-02	泰安市泰山林业科学研究院、泰山银杏开发研究联谊会	王迎、宋承东、郭善基、张泰岩、黄迎山
233	夏金	银杏	泰安市泰山林业科学研究院、泰山银杏开发研究联谊会	20080034	2008-07-07	20080034	2008-12-02	泰安市泰山林业科学研究院、泰山银杏开发研究联谊会	王迎、宋承东、郭善基、张泰岩、黄迎山
234	凌丰 1 号	杨属	中国林业科学研究院林业研究所	20080046	2008-9-11	20080035	2008-12-02	中国林业科学研究院林业研究所	苏晓华、王胜东、黄秦军、尚胜军
235	凌丰 2 号	杨属	中国林业科学研究院林业研究所	20080047	2008-9-11	20080036	2008-12-02	中国林业科学研究院林业研究所	苏晓华、王胜东、黄秦军、尚胜军、张香华
236	凌丰 3 号	杨属	中国林业科学研究院林业研究所	20080048	2008-9-11	20080037	2008-12-02	中国林业科学研究院林业研究所	苏晓华、杨志岩、黄秦军、王胜东、尚胜军
237	凌丰 4 号	杨属	中国林业科学研究院林业研究所	20080049	2008-9-11	20080038	2008-12-02	中国林业科学研究院林业研究所	苏晓华、尚胜军、黄秦军、王胜东、张冰玉

序号	品种名称	所属属种	申请人	申请号	申请日	品种权号	授权日	品种权人	培育人
238	凌丰5号	杨属	中国林业科学研究院林业研究所	20080050	2008-9-11	20080039	2008-12-02	中国林业科学研究院林业研究所	苏晓华、王胜东、黄秦军、苘胜军、杨成超
239	黄金甲	黄杨属	河南省红枫实业有限公司	20070061	2007-12-25	20080040	2008-12-02	河南省红枫实业有限公司	张丹、张家勋、张茂
240	龙樟脑L-1	樟属	湖南省新晃县龙脑开发有限责任公司	20080008	2008-02-17	20090001	2009-12-31	湖南省新晃县龙脑开发有限责任公司	宁石林、何洪城、孙秀泉、姚城伍、殷菲、刘清华
241	俏金星	芍药属	北京林业大学	20070003	2007-02-26	20090002	2009-12-31	北京林业大学	王莲英、王福、李清道
242	艳金星	芍药属	北京林业大学	20070004	2007-02-26	20090003	2009-12-31	北京林业大学	王莲英、王福、李清道
243	华夏隐斑白	芍药属	北京林业大学	20070005	2007-02-26	20090004	2009-12-31	北京林业大学	王莲英、王福、李清道
244	华夏玫瑰红	芍药属	北京林业大学	20070006	2007-02-26	20090005	2009-12-31	北京林业大学	王莲英、袁涛、王福、李清道
245	华夏-品黄	芍药属	北京林业大学	20070007	2007-02-26	20090006	2009-12-31	北京林业大学	王莲英、袁涛、王福、李清道
246	华夏双娇	芍药属	北京林业大学	20070008	2007-02-26	20090007	2009-12-31	北京林业大学	王莲英、王福、李清道
247	华夏红	芍药属	北京林业大学	20070009	2007-02-26	20090008	2009-12-31	北京林业大学	王莲英、王福、李清道
248	涌金	樟属	宁波市林业局林特种苗繁育中心	20080044	2008-09-05	20090009	2009-13-31	宁波市林业局林特种苗繁育中心	王建军
249	云艳	蔷薇属	云南省农业科学院	20080005	2008-01-30	20090010	2009-12-31	云南省农业科学院	张颢、李树发、王其刚、蹇红英、邱显钦、唐开学、王继华、瞿素萍、王丽花、陆琳
250	蜜糖	蔷薇属	云南省农业科学院	20080006	2008-01-30	20090011	2009-12-31	云南省农业科学院	张颢、李树发、王其刚、蹇红英、邱显钦、唐开学、王继华、瞿素萍、王丽花、陆琳
251	粉妆	蔷薇属	云南省农业科学院	20080007	2008-01-30	20090012	2009-12-31	云南省农业科学院	张颢、李树发、王其刚、蹇红英、邱显钦、唐开学、王继华、瞿素萍、王丽花、陆琳
252	锦华栾	栾树属	范军科	20070050	2007-09-25	20090013	2009-12-31	范军科	范军科
253	沁盛香花槐	刺槐属	郭锁胜	20080018	2008-04-08	20090014	2009-12-31	郭锁胜	郭锁胜
254	短花云丰	板栗	北京农学院	20080057	2008-10-07	20090015	2009-12-31	北京农学院	秦岭、杨东生、高天放、周自军、王铁明、冯永庆、田瑞冬
255	北林1号	杨属	北京林业大学	20080060	2008-10-16	20090016	2009-12-31	北京林业大学	康向阳、张平冬、王君、李艳华、陈洪伟、宋连君、张有慧、李金忠、高鹏、王尚德
256	北林2号	杨属	北京林业大学	20080061	2008-10-06	20090017	2009-12-31	北京林业大学	康向阳、张平冬、王君、李艳华、陈洪伟、宋连君、张有慧、李金忠、高鹏、王尚德
257	三毛杨7号	杨属	北京林业大学	20080062	2008-10-16	20090018	2009-12-31	北京林业大学	朱之悌、林惠斌、张志毅、康向阳、张金凤、张平冬、李云、李金忠、张有慧

序号	品种名称	所属属种	申请人	申请号	申请日	品种权号	授权日	品种权人	培育人
258	三毛杨 8 号	杨属	北京林业大学	20080063	2008-10-16	20090019	2009-12-31	北京林业大学	朱之悌、林慧斌、张志毅、康向阳、张金凤、张平冬、李云、李金忠、张有慧
259	三毛杨 9 号	杨属	北京林业大学	20080064	2008-10-16	20090020	2009-12-31	北京林业大学	朱之悌、林惠斌、张志毅、康向阳、张金凤、张平冬、李云、李金忠、张有慧
260	三毛杨 10 号	杨属	北京林业大学	20080065	2008-10-16	20090021	2009-12-31	北京林业大学	朱之悌、林惠斌、张志毅、康向阳、张金凤、张平冬、李云、李金忠、张有慧
261	三毛杨 11 号	杨属	北京林业大学	20080066	2008-10-16	20090022	2009-12-31	北京林业大学	朱之悌、林惠斌、张志毅、康向阳、张金凤、张平冬、李云、李金忠、张有慧
262	华贵人	蔷薇属	昆明锦苑花卉产业有限责任公司	20080067	2008-10-20	20090023	2009-12-31	昆明锦苑花卉产业有限公司	倪功、曹荣根、王富权、刘洪亮
263	黄莺	蔷薇属	昆明锦苑花卉产业有限责任公司	20080068	2008-10-20	20090024	2009-12-31	昆明锦苑花卉产业有限公司	倪功、曹荣根、王富权、刘洪亮
264	美果玫 AF	蔷薇属	上海农林职业技术学院	20080022	2008-05-15	20090025	2009-12-31	上海农林职业技术学院	黄清俊
265	云田彩桂	桂花属	易剑雄	20090021	2009-05-21	20090026	2009-12-31	易剑雄	易剑雄、肖瑞龙、易屈意、田业强、帅金华、唐玉美、易进觉
266	蝶衣	银杏	河南省红枫实业有限公司	20080045	2008-09-10	20090027	2009-12-31	河南省红枫实业有限公司	张丹、张家勋、张茂
267	雪中红	卫矛属	河南省红枫实业有限公司	20080058	2008-10-14	20090028	2009-12-31	河南省红枫实业有限公司	张丹、张家勋、张茂
268	金枝玉叶	卫矛属	河南省红枫实业有限公司	20080059	2008-10-14	20090029	2009-12-31	河南省红枫实业有限公司	张丹、张家勋、张茂
269	北林 3 号	杨属	北京林业大学	20090022	2009-06-10	20090030	2009-12-31	北京林业大学	康向阳、张平冬、王君、侯延侠、宋连君、李金忠、张有慧、高鹏、王尚德、张正海
270	迷你球桧	圆柏属	中国科学院植物研究所	20080072	2008-12-03	20090031	2009-12-31	中国科学院植物研究所	张治明、唐宇丹、张会金、姚涓、崔洪霞
271	北林 5 号	杨属	北京林业大学	20090024	2009-06-10	20090032	2009-12-31	北京林业大学	康向阳、张平冬、陈洪伟、高鹏、宋连君、李金忠、张有慧、王君、张正海、王尚德
272	北林 7 号	杨属	北京林业大学	20090026	2009-06-10	20090033	2009-12-31	北京林业大学	康向阳、张平冬、李艳华、张正海、张有慧、宋连君、李金忠、王君、陈洪伟、高鹏
273	北林 8 号	杨属	北京林业大学	20090027	2009-06-10	20090034	2009-12-31	北京林业大学	康向阳、张平冬、李艳华、张正海、张有慧、宋连君、李金忠、王君、陈洪伟、侯延侠

序号	品种名称	所属属种	申请人	申请号	申请日	品种权号	授权日	品种权人	培育人
274	北林9号	杨属	北京林业大学	20090028	2009-06-10	20090035	2009-12-31	北京林业大学	康向阳、张平冬、侯延侠、王尚德、李金忠、张有慧、宋连君、陈洪伟、李艳华、王君
275	北林10号	杨属	北京林业大学	20090029	2009-06-10	20090036	2009-12-31	北京林业大学	康向阳、张平冬、侯延侠、王尚德、李金忠、张有慧、宋连君、陈洪伟、李艳华、王君
276	北林11号	杨属	北京林业大学	20090030	2009-06-10	20090037	2009-12-31	北京林业大学	康向阳、张平冬、侯延侠、王君、张有慧、李金忠、宋连君、高鹏、王尚德、张正海
277	芙蓉石	蔷薇属	昆明杨月季园艺有限责任公司	20080073	2008-12-25	20090038	2009-12-31	昆明杨月季园艺有限责任公司	杨玉勇、高俊平、赵梁军、蔡能
278	孔雀石	蔷薇属	昆明杨月季园艺有限责任公司	20080076	2008-12-25	20090039	2009-12-31	昆明杨月季园艺有限责任公司	杨玉勇、张启翔、潘会堂、程堂仁、蔡能
279	虎睛石	蔷薇属	昆明杨月季园艺有限责任公司	20080074	2008-12-25	20090040	2009-12-31	昆明杨月季园艺有限责任公司	杨玉勇、张启翔、潘会堂、程堂仁、蔡能
280	俏玉	蔷薇属	昆明杨月季园艺有限责任公司	20080077	2008-12-25	20090041	2009-12-31	昆明杨月季园艺有限责任公司	杨玉勇、张启翔、潘会堂、程堂仁、蔡能
281	堇青石	蔷薇属	昆明杨月季园艺有限责任公司	20080075	2008-12-25	20090042	2009-12-31	昆明杨月季园艺有限责任公司	杨玉勇、张启翔、潘会堂、程堂仁、蔡能
282	美佳斯波(MEIJASPER)	蔷薇属	玫岚明星月季公司(MEILLAND STAR ROSE S.A)	20020011	2002-08-14	20090043	2009-12-31	玫岚明星月季公司(MEILLAND STAR ROSE S.A.)	阿兰·安特奈·玫岚(Alain,Antoine MEILLAND)
283	玫莱伊(MEILEYET)	蔷薇属	玫岚明星月季公司(MEILLAND STAR ROSE S.A)	20020013	2002-08-16	20090044	2009-12-31	玫岚明星月季公司(MEILLAND STAR ROSE S.A.)	阿兰·安特奈·玫岚(Alain,Antoine MEILLAND)
284	美地班尼(MEIDEBENNE)	蔷薇属	玫岚明星月季公司(MEILLAND STAR ROSE S.A)	20020010	2002-08-14	20090045	2009-12-31	玫岚明星月季公司(MEILLAND STAR ROSE S.A.)	阿兰·安特奈·玫岚(Alain,Antoine MEILLAND)
285	瑞拉(RUILAV)	蔷薇属	迪鲁特玫瑰花公司(De.Ruiter's Nieuwe B.V.)	20030003	2003-03-11	20090046	2009-12-31	迪鲁特玫瑰花公司(De.Ruiter's Nieuwe Rozen B.V.)	波吾(A.A.Pouw)
286	拉德拉兹(RADRAZZ)	蔷薇属	法国玫岚明星月季公司(MEILLAND STAR ROSE S.A.,France)	20040004	2004-05-27	20090047	2009-12-31	法国玫岚明星月季公司(Meilland Star Rose S.A.,France)	威廉姆·J·拉德莱尔(William J.Radler)
287	美地皮尔(MEIPTIPIER)	蔷薇属	玫岚国际公司(MEILLAND INTERNATIONAL S.A)	20040025	2004-09-17	20090048	2009-12-31	玫岚国际公司(MEILLAND INTERNATIONAL S.A)	阿兰·安东尼·玫岚(Alain,Antoine MEILLAND)
288	美地扎朵(MEITIZADO)	蔷薇属	玫岚国际公司(MEILLAND INTERNATIONAL S.A)	20040026	2004-09-17	20090049	2009-12-31	玫岚国际公司(MEILLAND INTERNATIONAL S.A)	阿兰·安东尼·玫岚(Alain,Antoine MEILLAND)

序号	品种名称	所属属种	申请人	申请号	申请日	品种权号	授权日	品种权人	培育人
289	美法宝儿 (MEIFRABOY)	蔷薇属	法国玫岚国际公司 (Meilland International S.A.，France)	20040036	2004-12-08	20090050	2009-12-31	法国玫岚国际公司 (Meilland International S.A.，France)	阿兰·安东尼·玫岚 (Alain, Antoine Meilland)
290	美敦凯儿 (MEIDUNKEL)	蔷薇属	法国玫岚国际公司 (Meilland International S.A.，France)	20050007	2005-01-05	20090051	2009-12-31	法国玫岚国际公司 (Meilland International S.A.，France)	阿兰·安东尼·玫岚 (Alain, Antoine Meilland)
291	玫月绮 (MEIYOLKI)	蔷薇属	玫岚国际公司 (MEILLAND INTERNATIONAL S.A)	20050044	2005-07-25	20090052	2009-12-31	玫岚国际公司 (MEILLAND INTERNATIONAL S.A.)	阿兰·安托万·玫岚 (Alain, Antoine MEILLAND)
292	玫芬妮 (MEIAFONE)	蔷薇属	玫岚国际公司 (MEILLAND INTERNATIONAL S.A)	20060018	2006-03-16	20090053	2009-12-31	玫岚国际公司 (MEILLAND INTERNATIONAL S.A.)	阿兰·安托万·玫岚 (Alain, Antoine MEILLAND)
293	凯马蒂奥 (KEIMATEO)	蔷薇属	玫岚明星月季公司 (MEILLAND STAR ROSE S.A)	20050032	2005-05-17	20090054	2009-12-31	玫岚明星月季公司 (MEILLAND STAR ROSE S.A.)	梅田-智雄 (TOMOO UMEDA)
294	瑞沃克 (RUIVONK)	蔷薇属	迪鲁特玫瑰花公司 (De.Ruiter's Nieuwe Rozen B.V.)	20050031	2005-04-25	20090055	2009-12-31	迪鲁特玫瑰花公司 (De. Ruiter' s Nieuwe Rozen B.V.)	波吾 (A.A.Pouw)